U0283916

空间透视图解课

[日本] 中山繁信　著
罗远鹏　译

江苏凤凰科学技术出版社 · 南京

江苏省版权局著作权合同登记 图字：10—2022—227

图书在版编目(CIP)数据

空间透视图解课 /（日）中山繁信著 ；罗远鹏译
. -- 南京 ：江苏凤凰科学技术出版社，2022.12
ISBN 978-7-5713-3271-6

Ⅰ．①空… Ⅱ．①中… ②罗… Ⅲ．①室内装饰设计
－建筑制图 Ⅳ．①TU238.2

中国版本图书馆CIP数据核字(2022)第199906号

空间透视图解课

著　　者	[日本] 中山繁信
译　　者	罗远鹏
项目策划	凤凰空间/罗远鹏
责任编辑	赵　研 刘屹立
出版发行	江苏凤凰科学技术出版社
出版社地址	南京市湖南路1号A楼，邮编：210009
出版社网址	http://www.pspress.cn
总　经　销	天津凤凰空间文化传媒有限公司
总经销网址	http://www.ifengspace.cn
印　　刷	北京博海升彩色印刷有限公司
开　　本	889 mm×1194 mm　1/32
印　　张	4
字　　数	120千字
版　　次	2022年12月第1版
印　　次	2022年12月第1次印刷
标准书号	ISBN 978-7-5713-3271-6
定　　价	59.80元

图书如有印装质量问题，可随时向销售部调换（电话：022-87893668）。

前言

“来一起随手画吧！”

初学建筑的学生中，想必有很多人不擅长绘制建筑透视图，甚至可以说是绝大部分人都不擅长。建筑透视图是以透视画法为主要表现手法的画，但因其绘制方法复杂烦琐，使得初学者对其望而却步。

在我看来，建筑学专业的学生应该都是喜欢画图的。在画速写时，他们不会觉得有困难，可以提笔就来。但那些画中多是没有章法的线条，若在画时稍微掌握一些技巧，随手画的速写也能成为结构合理的透视图。我这里所说的技巧，是指要在脑海里构建出所画物体的透视关系。所以我写这本书的主要目的，是希望读者掌握透视画法的技巧，在画速写时可以胸有成竹地绘制透视图。

此外，本书还介绍了人物、树木、家具和照明等室内空间、街景等的画法，丰富建筑速写的表现要点。若你能掌握这些要点，画透视图也会成为一件很有趣的事。

为了使绘画过程更加通俗易懂，本书采用四格漫画的方式进行步骤说明，希望能使读者产生“看着看着，自己也去动手试试吧”“这样的画我自己也能行！”之类的想法。不要害怕失败，不要轻易放弃，一起拿起笔来试试吧。

中山繁信

目录

第一章　透视图的基础知识

1. 什么是透视图　2

2. 什么是消失点　3

3. 透视图的种类　4

4. 透视图与画面的关系(1)　5

5. 透视图与画面的关系(2)　6

6. 凭感觉画透视图的技巧　8

7. 凭感觉画椅子的透视图　9

8. 构图随投影面位置而改变　10

9. 消失点是控制构图的关键　12

10. 构图方法　14

11. 消失点的数量　16

12. 一个消失点与两个消失点的关系　17

13. 仰视图与鸟瞰图　18

14. 用左右两点透视法画椅子的透视图　19

15. 用上下两点透视法画椅子的透视图　20

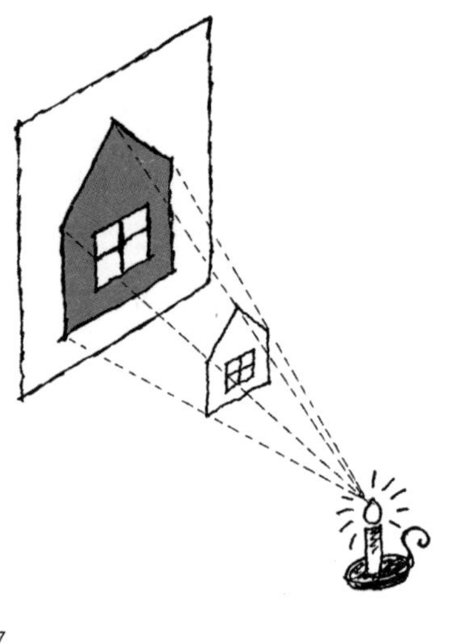

第二章　绘制轴测投影图的技巧

1. 什么是轴测投影图　22

2. 轴测投影图与透视图的不同　23

3. 绘制椅子的轴测投影图　24

4. 绘制椅子的正等轴测图　25

5. 绘制建筑物的轴测投影图　26

6. 绘制建筑物的正等轴测图　27

7. 绘制楼梯的轴测投影图　28

8. 绘制圆桌的轴测投影图　29

9. 绘制旋转楼梯的轴测投影图　30

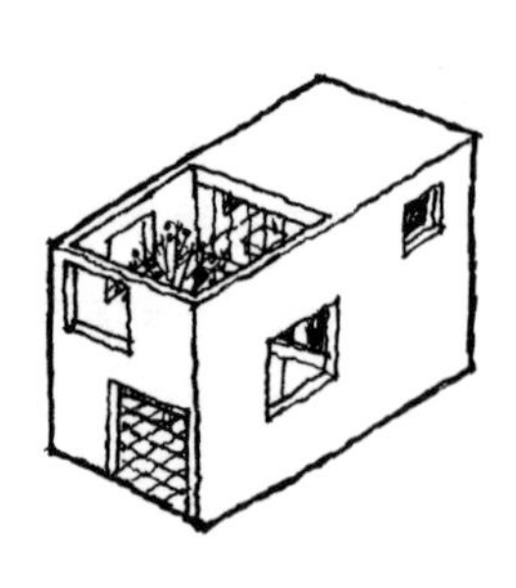

10. 绘制室内空间的轴测投影图　31
11. 在轴测投影图中绘制阴影（1）　32
12. 在轴测投影图中绘制阴影（2）　33

第三章　绘制室内设计图

1. 画透视网格线　36
2. 用透视网格线来绘图　37
3. 通过立面图画出透视图　39
4. 通过平面图画出透视图　40
5. 增加透视图中的氛围感　41
6. 家具与窗户高度的确定方法　42
7. 分段绘制有进深的墙壁　43
8. 绘制书架　44
9. 绘制厨房用品　45
10. 绘制挑空空间　46
11. 绘制倾斜的天花板（1）　48
12. 绘制倾斜的天花板（2）　50
13. 绘制圆形　52
14. 绘制圆桌　54
15. 绘制拱门　56
16. 绘制玻璃的透明效果　58
17. 绘制楼梯（1）　60
18. 绘制楼梯（2）　62
19. 绘制楼梯（3）　64
20. 绘制折形单跑楼梯　66
21. 用左右两点透视法画室内空间的透视图　68
22. 用上下两点透视法画室内空间的透视图　70

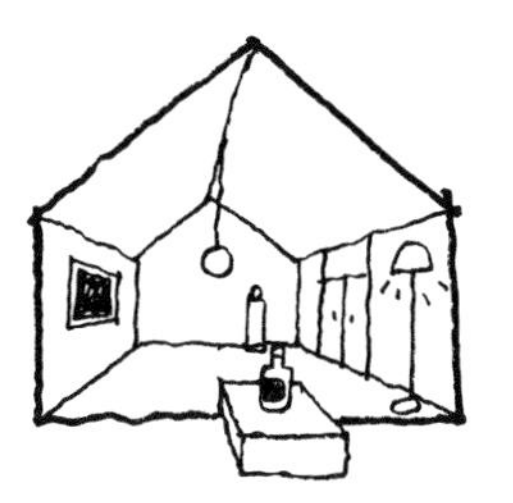

第四章　绘制建筑与街道

1. 通过立面图画出透视图（1）　74
2. 通过立面图画出透视图（2）　75

3. 强调远近感　76
4. 绘制坡屋顶　78
5. 绘制三棱柱形大楼　80
6. 绘制圆柱形建筑　82
7. 绘制倒映在池水中的建筑　84
8. 绘制映射在镜面中的建筑　86
9. 绘制倾斜布局的建筑　88
10. 用两点透视法画住宅的透视图　90
11. 绘制高层建筑　92
12. 绘制坡道　94
13. 绘制弧形道路　96
14. 绘制人物(1)　98
15. 绘制人物(2)　99
16. 绘制树木(1)　100
17. 绘制树木(2)　101
18. 绘制车辆　102
19. 在透视图中增加阴影　104

第五章　透视图修改案例

1. 街巷的透视图(1)　108
2. 街巷的透视图(2)　110
3. 住宅外观　112
4. 挑空空间的透视图　114
5. 树木、人物、车辆　116

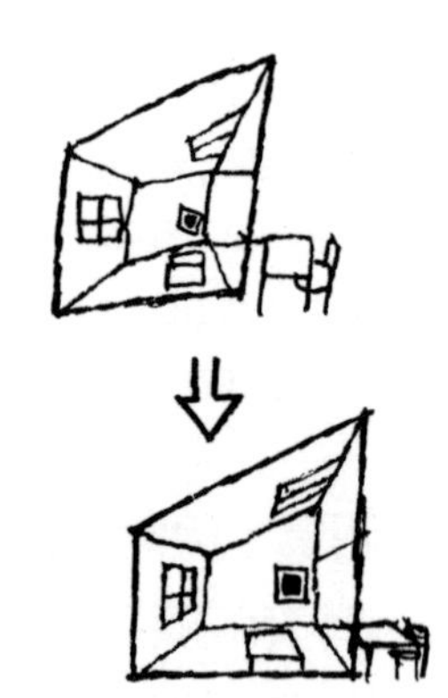

练习模板　118

后记　120

第一章

透视图的基础知识

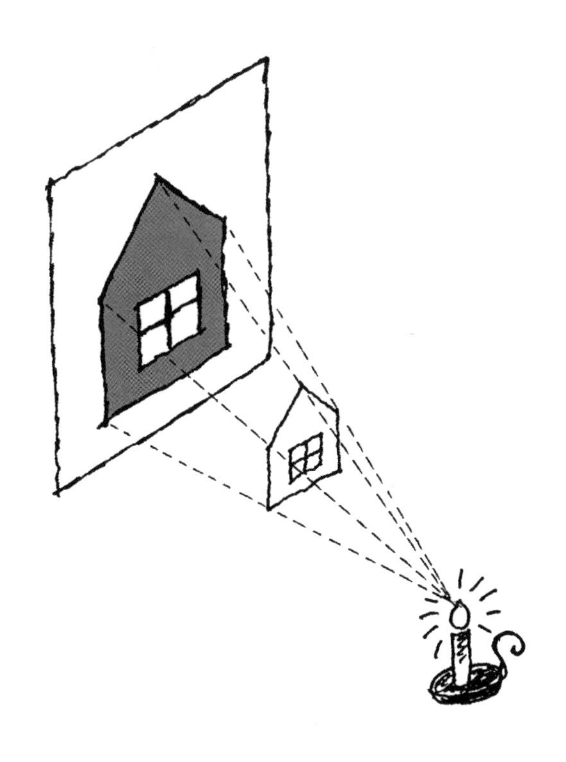

1. 什么是透视图

建筑图中的透视图（英文为 perspective drawing），起源于欧洲文艺复兴时期，是一种在平面上表现立体形态的绘画方法，即在二维的平面上展现三维的空间。

透视图简单来说就是**在建筑物与观看建筑物的人之间设置的如幕布一样的投影面**，投射在画面上的影像便是“透视图”。其绘制利用了“近大远小”的原理，通过远近法来呈现物体的立体感。

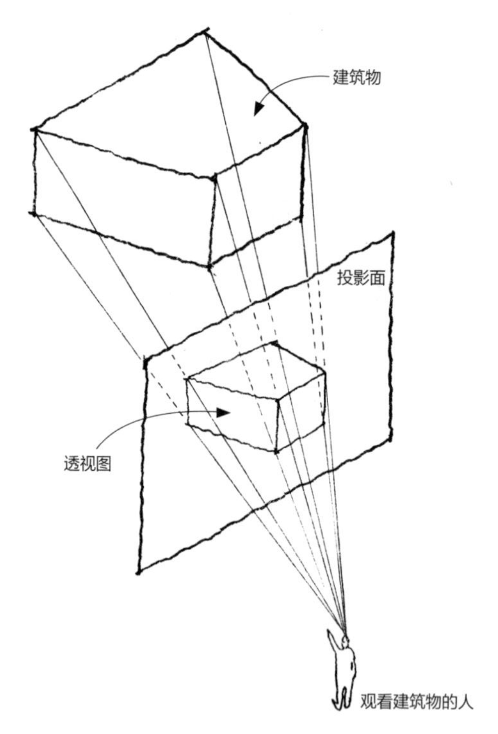

建筑物与观看建筑物的人之间设置的如幕布一样的投影面便是“透视图”。

2. 什么是消失点

表现物体远近感的图像被称为“透视图”。透视图中视线的最远处，也就是其无限延伸的端点处，被称为“消失点”（vanishing point）。

比如，在表现出物体远近感的透视图中，可以看到电线杆一直排列至视线的最远端，视线随着电线杆往远处移动，所看到的电线杆逐渐变小为一点，这个点就是消失点。

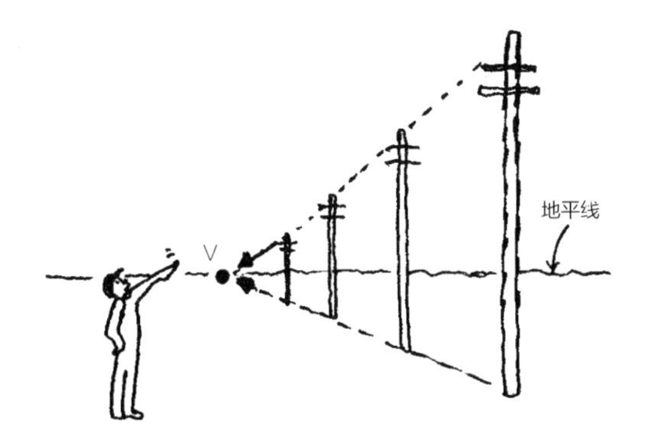

表现出物体远近感的透视图

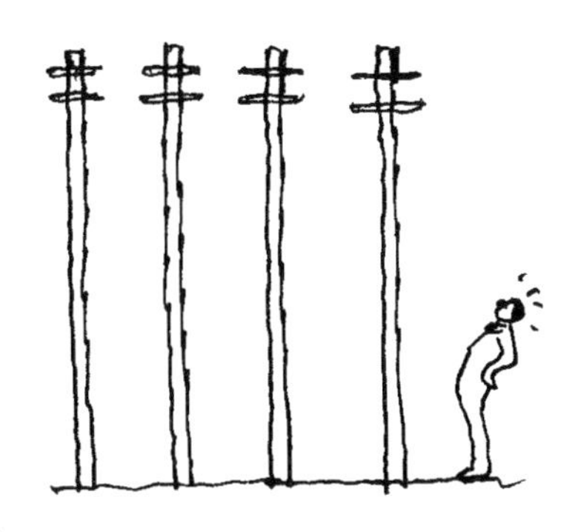

未表现出物体远近感的图

3. 透视图的种类

透视图可分为哪些种类呢?

根据表现内容分类:用来表现建筑物外观的透视图称为“外部透视图”,用来表现建筑内部空间的透视图称为“内部透视图”。

根据画分类:在以单一立方体为绘制对象时,只画有一个消失点的透视图称为“一点透视图”,画有两个消失点的称为“两点透视图”,以此类推,画有三个消失点的则称为“三点透视图”。空间具有宽度、高度和深度三个维度,因此在透视图中最多只有三个消失点,有四个消失点的四点透视图是不存在的。此外还有无消失点的透视图,被称为“等角透视图”“轴测投影图”等。

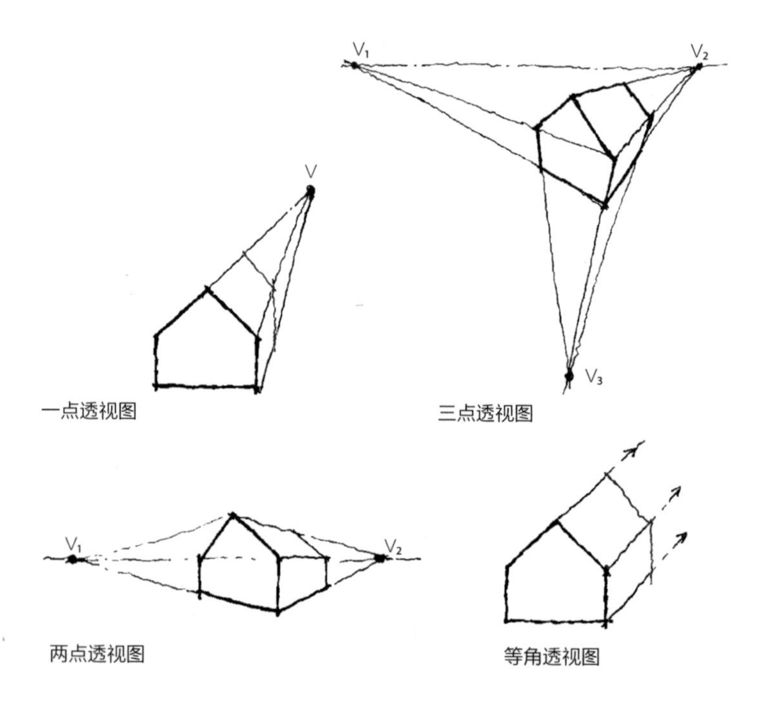

一点透视图

三点透视图

两点透视图

等角透视图

4. 透视图与画面的关系(1)

为了表现空间，平面图、剖面图、立面图是必不可少的。绘制透视图时，我们可从平面图中得知空间的宽度和深度，从剖面图中得知天花板的高度。

我们以一个矩形房屋的透视图为例，平面图与剖面图的关系如图所示，左下部为表现出空间深度的剖面透视图。其绘制方法将在下一小节介绍。

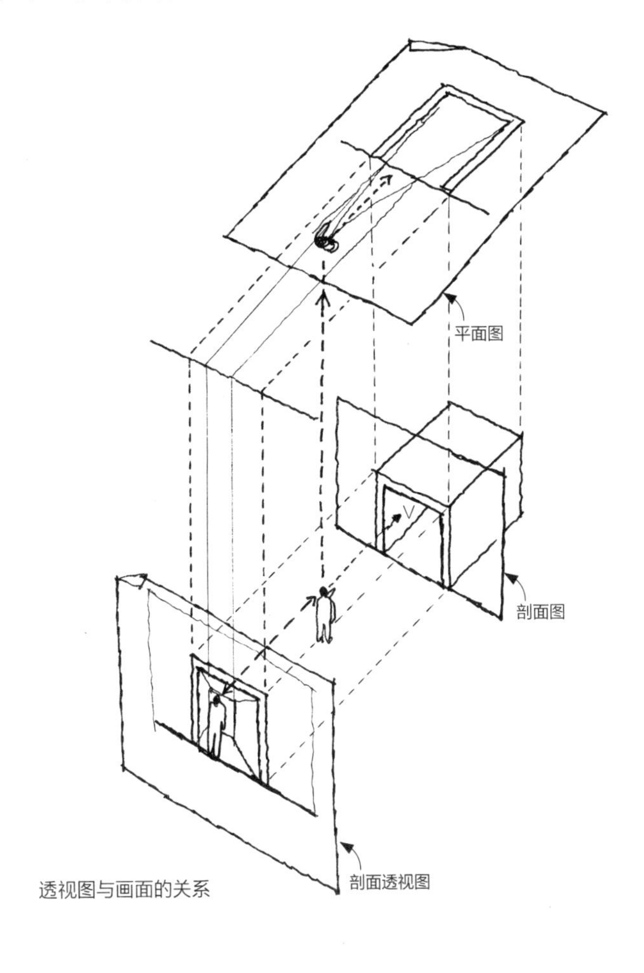

透视图与画面的关系

5. 透视图与画面的关系(2)

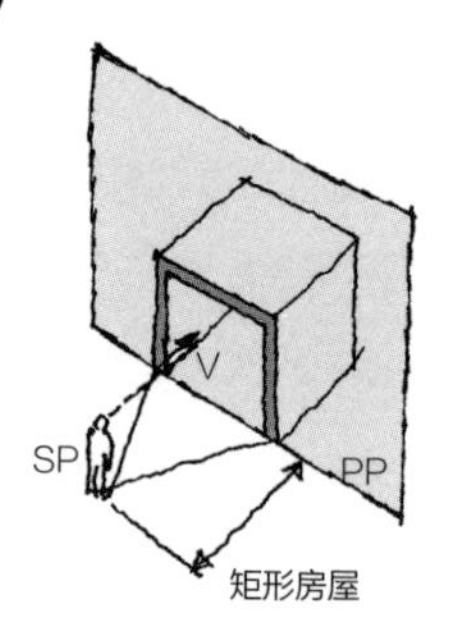

矩形房屋透视图的绘制步骤说明如下。

绘制时的要点首先是确定人站立的位置 SP(standing point)与投影面 PP (picture plane)的距离,其次是剖面图中消失点的位置与高度。这些要素决定了透视图的构图、大小以及表现方式。

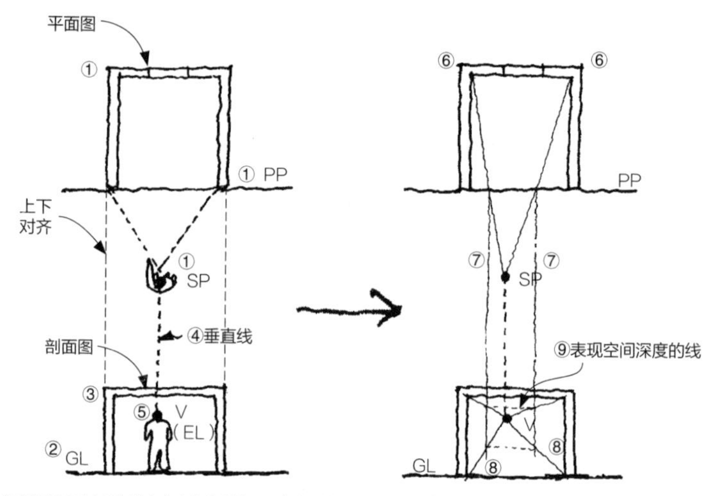

透视图的绘制方法(以一点透视图为例)

①绘制平面图时,首先需确定 PP(可以画在任意位置,若靠近平面图,则透视图的前端宽度和高度可直接使用平面图上的实际尺寸)与 SP 的位置。

②在 PP 下方画出 GL(地平线)。

③在 GL 上方画出剖面图(将平面图与剖面图结合)。

④从 SP 处往下延伸画出垂直线。

⑤在向下的垂直线上,以剖面图中人的视线高度[用 EL(eye level)表示。既可使用图中人物的实际视线高度,又可以设定为从高处往下俯瞰的高度]为 V(即消失点)。

⑥将平面图中的各点与 SP 画线连接。

⑦从连接 SP 和平面图中各点的线与 PP 的交点处向下画垂线。

⑧将 V 点与剖面图中各点画线连接。

⑨在向下的垂线⑦与剖面图中的连接线⑧的交点处,画线连接,表现出空间深度。

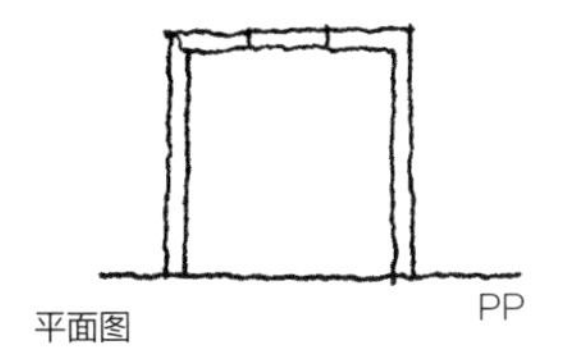

⑩表现出立方体空间的房屋透视图便完成了。

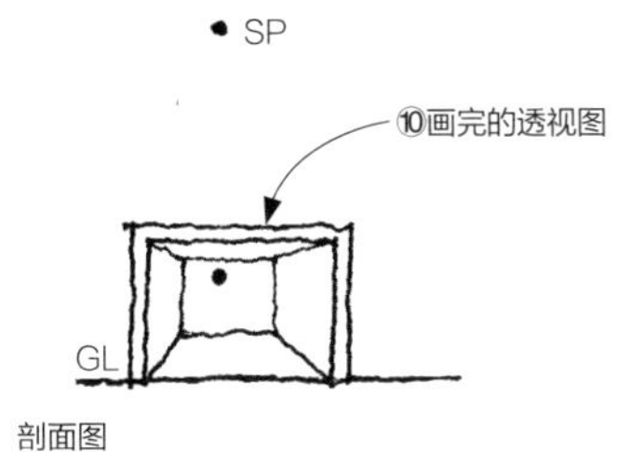

这里是重点！

不知道大家有没有注意到，无论平面图与剖面图的距离是远还是近，最终画出的透视图都是一样的。我们需要注意的是 PP 与 SP 的距离以及消失点的位置和高度。

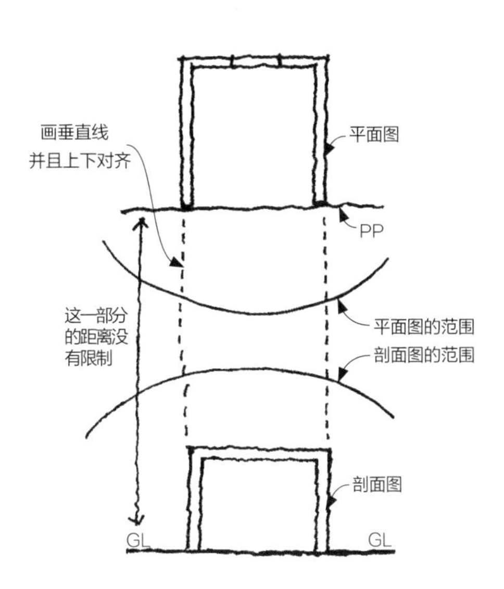

6. 凭感觉画透视图的技巧

在上一节中我讲道："即使平面图与剖面图在绘制时相距很远，也不会影响透视图的效果。"

若理解了透视图的构图原理，就算只有剖面图，也能继续绘制出透视图。虽然空间的深度取决于图中 PP 与 SP 的距离，但这一部分的线条在绘制时可以"凭感觉"画出。这样一来，画面上的线少了，绘制时的烦琐程度也下降了。这个技巧就是**"凭感觉画透视图"**。

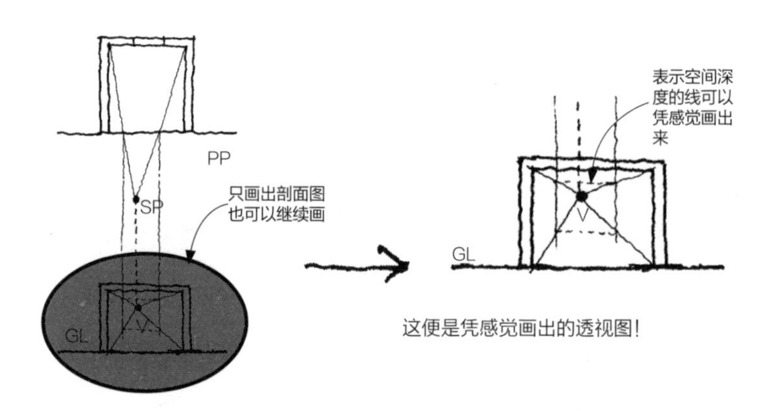

这便是凭感觉画出的透视图！

凭感觉画透视图的方法！

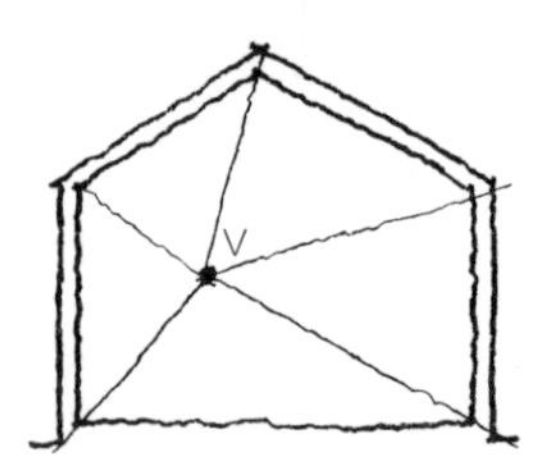

① 先画出剖面图（立面图），确定合适的消失点位置，将消失点 V 与剖面图上的各点画线连接。

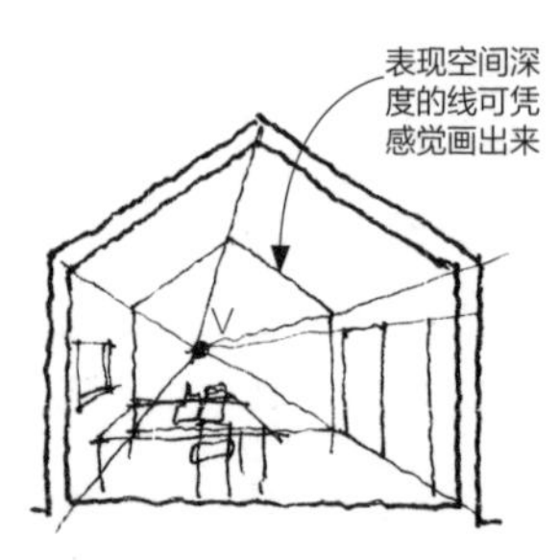

② 在各条连接线上画出表现空间深度的线，这样就画完了！

7. 凭感觉画椅子的透视图

接下来，让我们用一点透视法，凭感觉来绘制一个样式简单的椅子的透视图吧！不要犯难，只需要注意“消失点的位置与物体深度的平衡”即可。

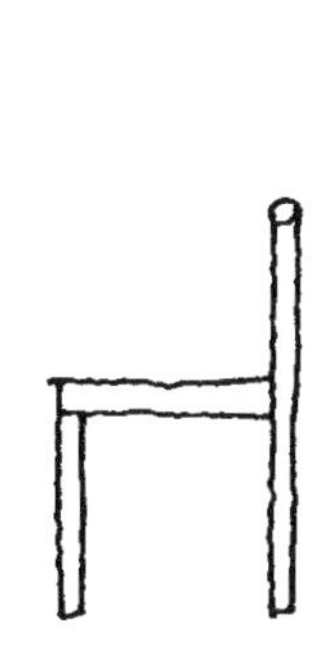

① 先画出椅子的侧面。

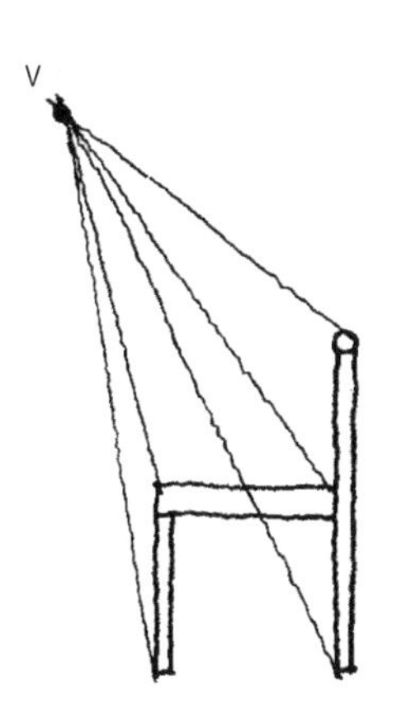

② 凭感觉确定消失点的位置，画线连接椅子侧面各点与消失点。

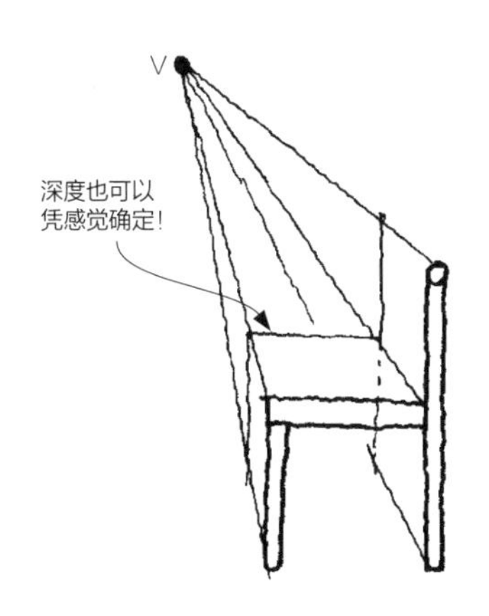

③ 确定透视图的深度。

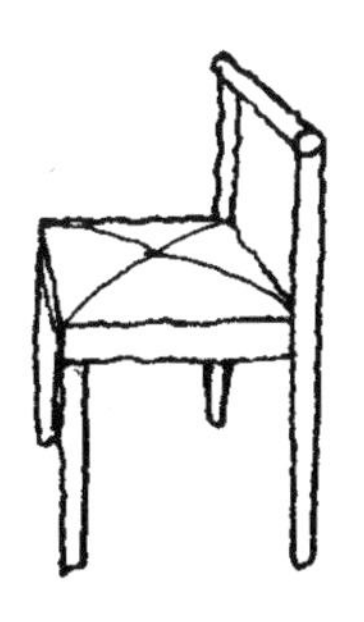

④ 调整透视图中椅座、椅脚和椅背的形状，完成。

8. 构图随投影面位置而改变

让我们再来回想一下透视图的原理。

想象在你与实际建筑物之间放置一个投影面，建筑物投影到上面的图像便是透视图。

接下来，若你在实际建筑物后面再放置一个投影面会怎样呢？应该会像是从投影机投影出的影像一样，建筑物的影像会被放大。由此可见，**投影面的位置决定了透视图的大小**。这一原理可以用下图中的投影面 A 和投影面 B 来说明。

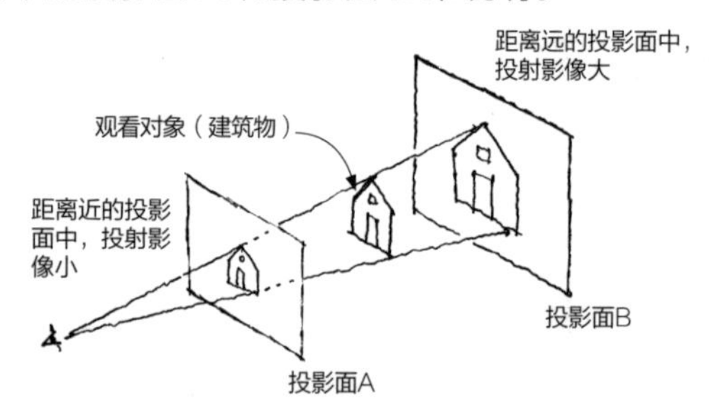

投影面与观看位置的远近关系决定投射影像的大小。

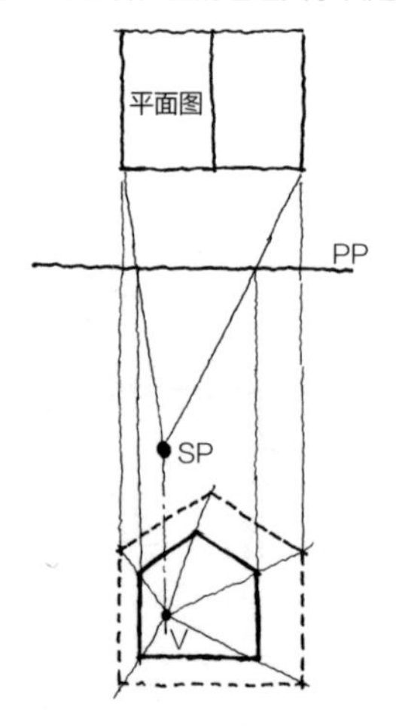

投影面 A 的透视图（距离观看者近的画面，空间深度较深）。

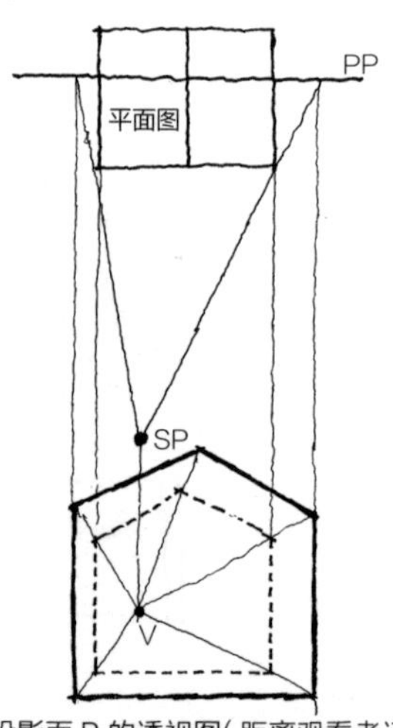

投影面 B 的透视图（距离观看者远的画面，空间深度浅）。

以下两幅图，是以前面提到的投影面 A、B 的构图原理为基础绘制的室内透视图。下图因为投影面位置比上图远，所以绘制出的透视图较大。有一点希望大家注意的是，上图的空间深度被强调刻画出来。这与 SP 有关，**若 SP 与画面距离近，则透视图中的远近感较强；若 SP 与画面距离远，则透视图中的远近感较弱。**

距离画面近的构图

距离画面远的构图

9. 消失点是控制构图的关键

绘制透视图时，消失点取在哪里更合适呢？

以内部透视图为例。使用一点透视法绘制室内透视图时，**消失点必须在透视图中**。消失点是观看者视线的前端，若不在透视图中，即意味着观看者看不到室内空间。

让我们来边画边了解室内透视图中消失点所在的位置是如何影响构图的。若消失点靠左，则右侧墙壁会被强调出来（左上图）。若消失点靠右，则左侧墙壁会被强调出来（右上图）。同理，若消失点靠上，下方的地板面积则会变大（左下图）。若消失点靠下，上方的天花板面积则会变大（右下图）。

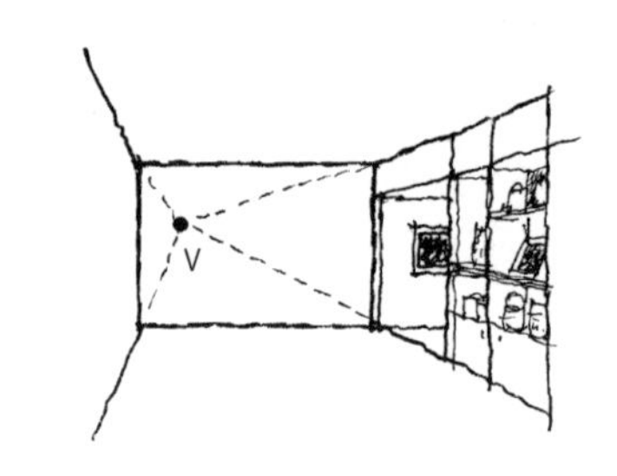

① 强调右侧墙壁。

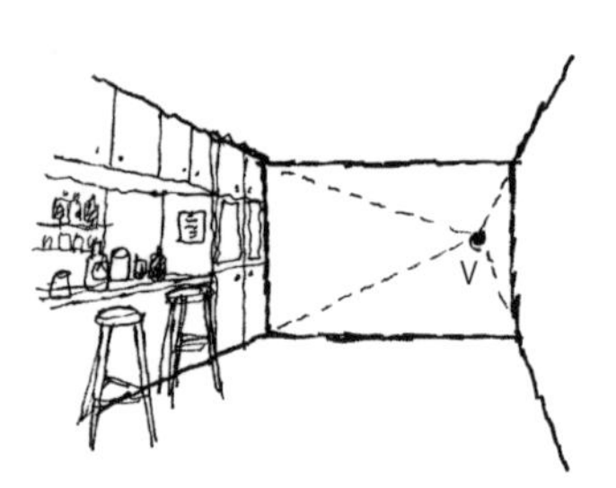

② 强调左侧墙壁。

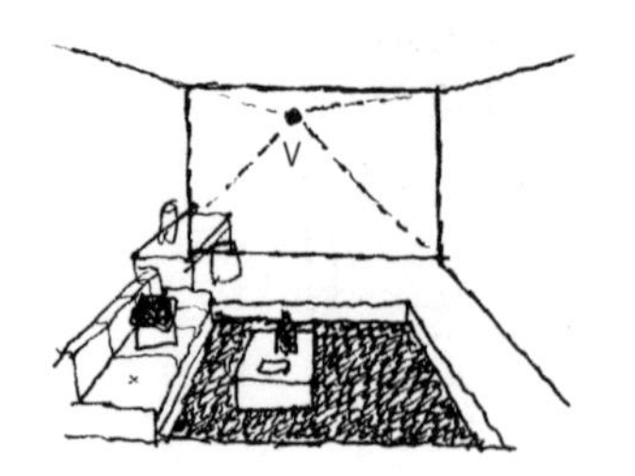

③ 强调地板。

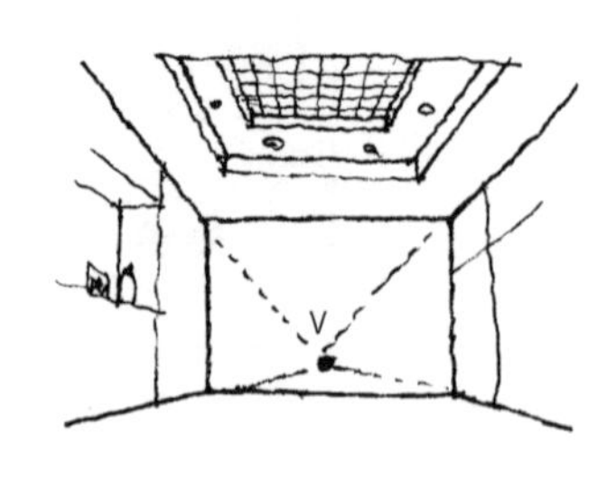

④ 强调天花板。

接下来以建筑物的外部透视图为例。使用一点透视法绘制外部透视图时，消失点若在建筑物上方，将绘制出俯视图（左上图）。消失点若在建筑物左侧，建筑物左侧外墙会被强调出来（右上图）。当消失点在建筑物中（建筑物后方）时，会强调建筑物的正立面（左下图）。需要注意的是，消失点不可位于建筑物下方，否则会出现建筑物飘浮在空中的构图（右下图）。无论是内部透视还是外部透视，以人的视线高度来确定消失点位置，这样画出的透视图较为自然。

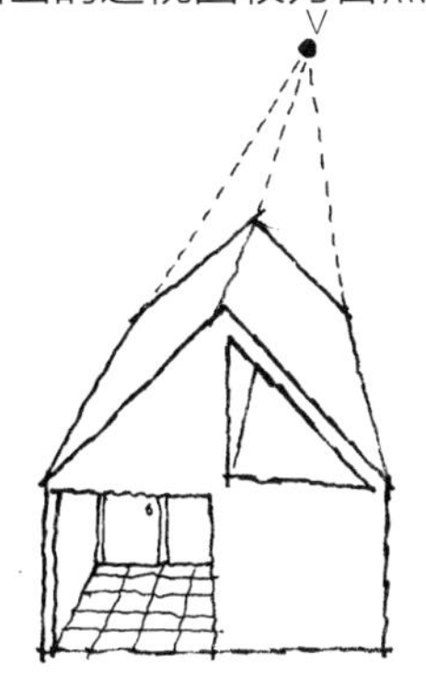

⑤ 俯视建筑物整体。

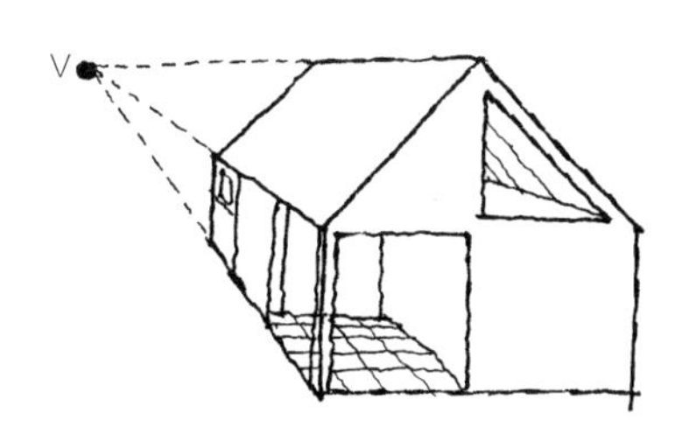

⑥ 强调建筑物左侧外墙。

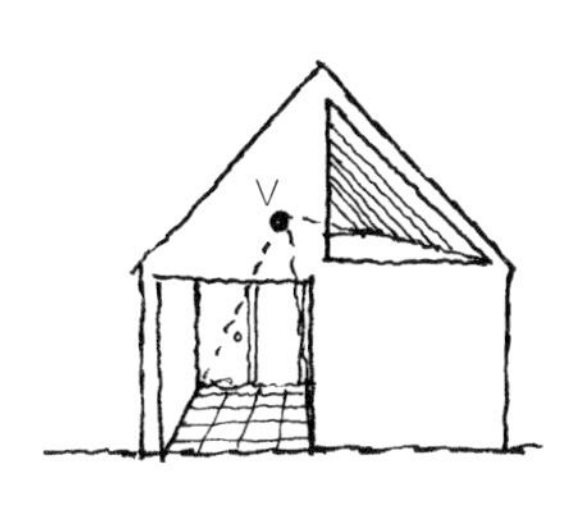

⑦ 强调建筑物正立面。

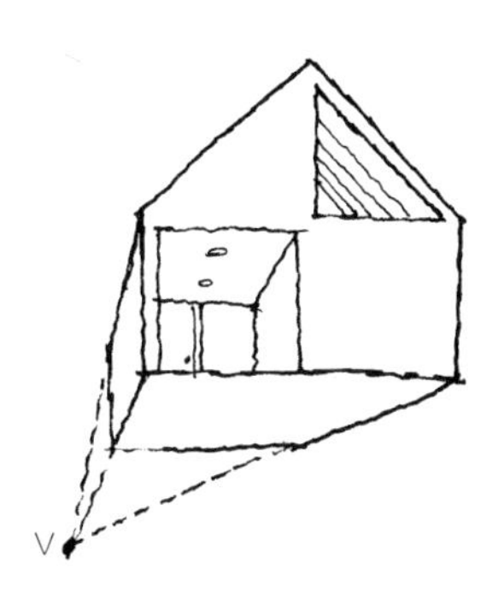

⑧ 建筑物像是飘浮在空中，是不符合实际的构图。

10. 构图方法

平时经常听到大家反映这样一个问题，在旅行中画景物速写时，明明是站在地面上进行绘制的，但最后完成的画，往往变成了从上往下看的俯视图。

当以自己的视线高度为视角观看时，从上往下看和从下往上看所形成的构图是不同的。下面我们以街巷为例来画画看。

先画出街巷中建筑物与路面的剖面图。若以人的视线高度为消失点高度，则屋檐、地面延伸后与消失点的连线，会呈现出字母“X”的形状，这就是最常见的景物速写的构图。将消失点往上移后，屋檐、地面延伸后与消失点的连线，会呈现“八”字形，变为俯视的构图。

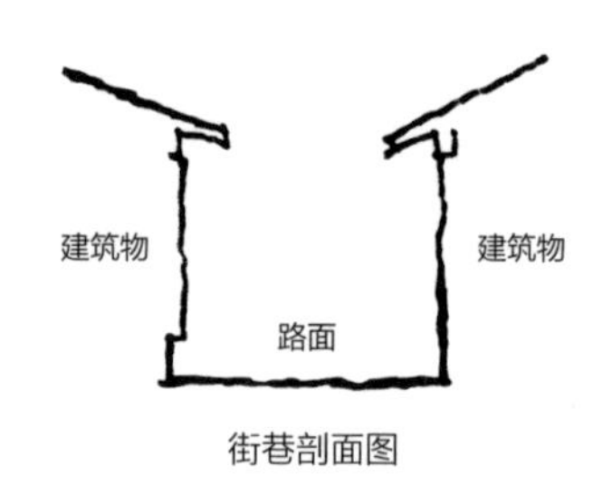

街巷剖面图

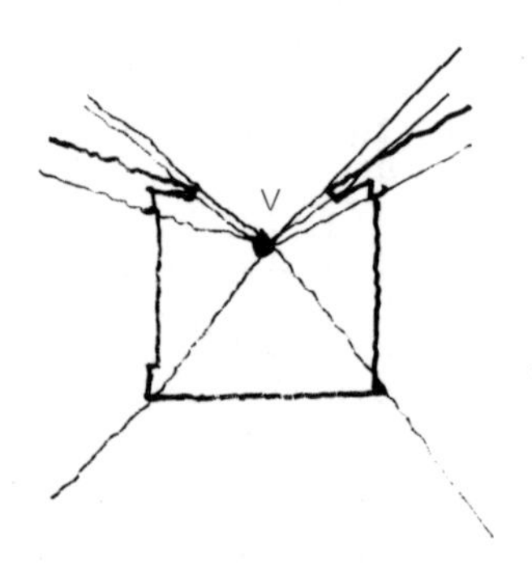

若想看到屋檐内侧的构图，则消失点的高度与人的视线高度相同。

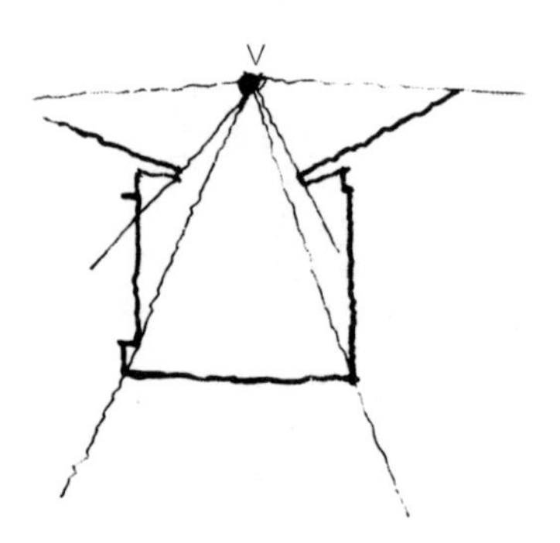

若想看到屋顶上方的构图，消失点则需要确定在屋顶上方。

站在地面上平视的构图

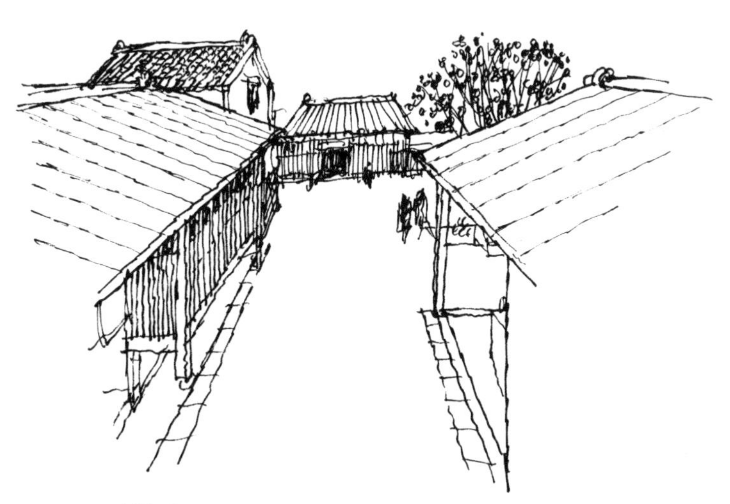

从上往下看的俯视构图

11. 消失点的数量

室内的一点透视图，消失点为 V。但图中的照明器具、家具等物品，也都有各自的消失点。这幅图无论是从实际视觉效果上，还是构图规范上都不成立。**放置于水平和垂直方向上家具的所有延伸线，都应向消失点方向延伸并集中。**

修改后，得到了家具和室内空间的消失点统一后的正确的透视图。

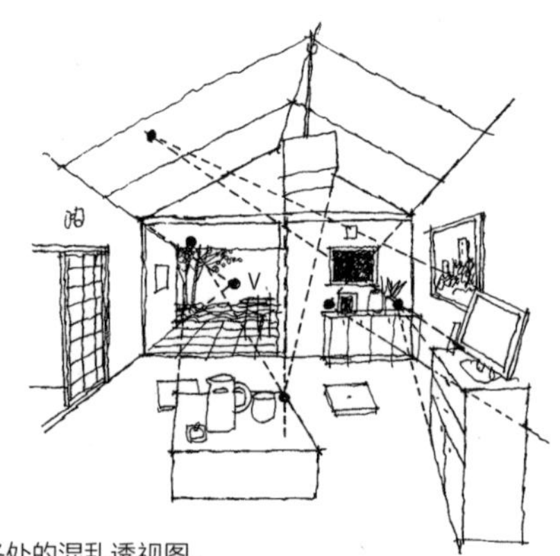

多个消失点分散在各处的混乱透视图。

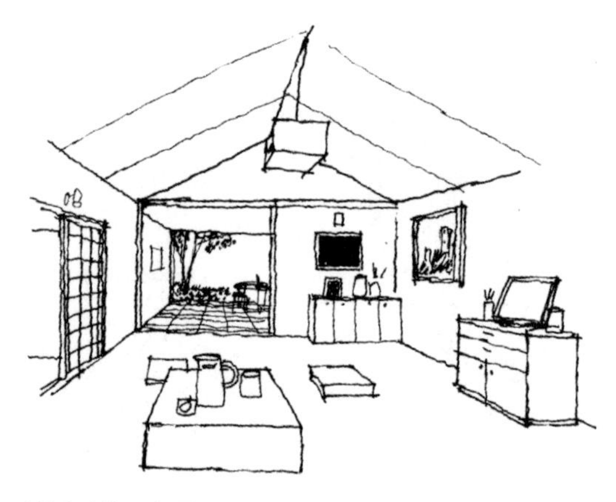

修改过后，只有一个消失点的正确透视图。

12. 一个消失点与两个消失点的关系

在一点透视图中，倾斜放置的家具自身也有自己的消失点。

下方透视图中，左侧的桌子和右边的窗户相对于画面是垂直关系。因其是由水平、垂直的线构成，延长线相交于中央的消失点 V。但图中**斜放的桌子，则是通过两点透视法画出的，这两个消失点（V_1、V_2）与中央的消失点 V 处于同一水平线上**。这是非常重要的一点，请大家牢记于心。

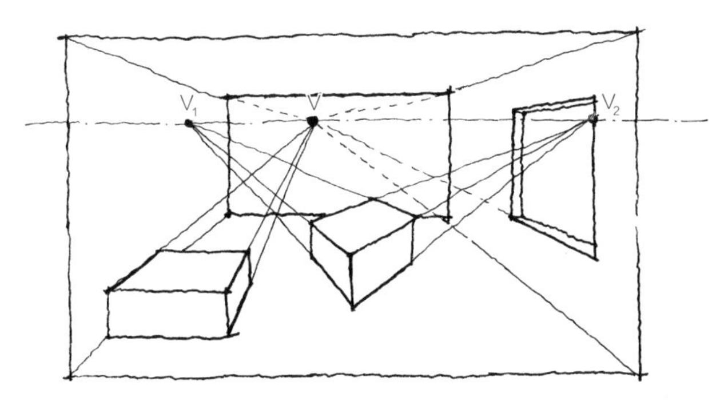

中央斜放的桌子虽然是通过两点透视法画出的，但两个消失点（V_1、V_2）要与中央的消失点 V 处于同一水平线上。

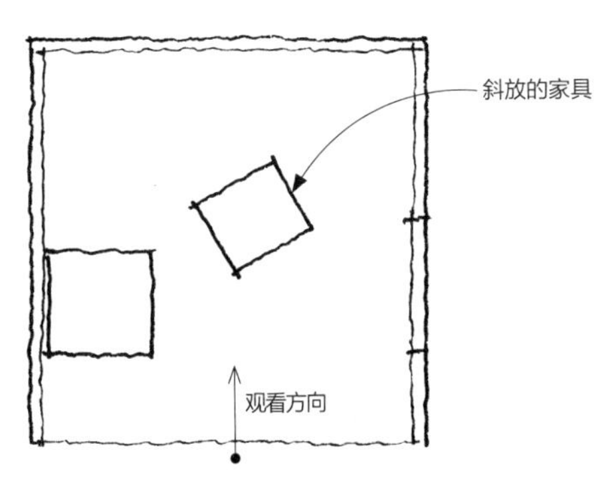

上方透视图的平面图，斜放的家具在透视图中看起来会有两个消失点。

13. 仰视图与鸟瞰图

一点透视图的构图会因为消失点位置和高度的改变而改变，两点透视图也是如此。有两个消失点的构图会比只有一个消失点的构图更加生动。如下面两幅图：上图是两个消失点都在地平线上的透视图，被称为“仰视图”，像是通过地面上的昆虫视角仰望而形成的构图；下图将消失点移动到较高的位置，形成鸟瞰建筑的透视图，被称为“鸟瞰图”。

大家可以根据自己想要表现的建筑部位，选择适合的构图。

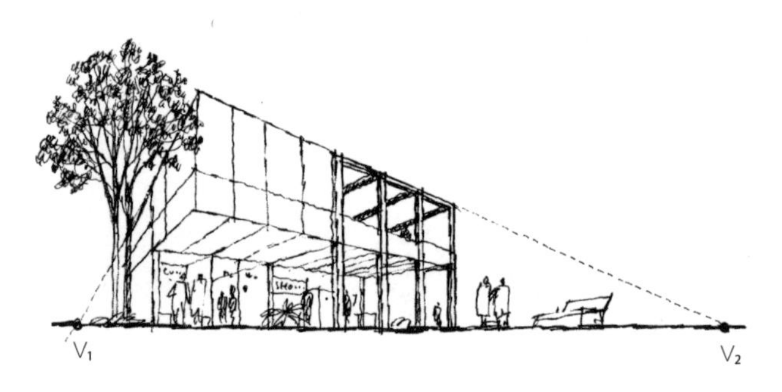

仰视图（向上仰视的构图，有两个消失点）

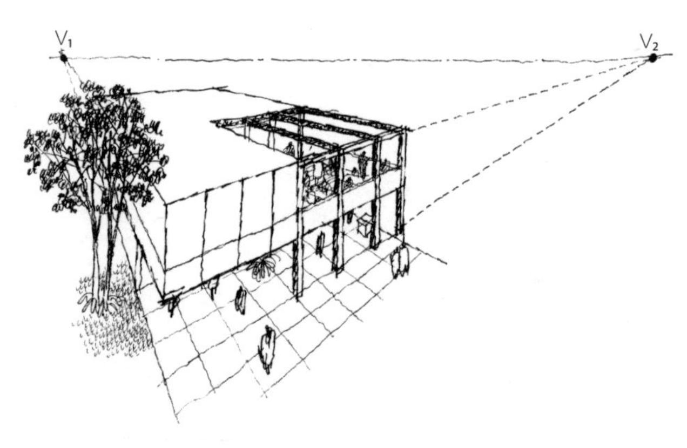

鸟瞰图（向下俯视的构图，有两个消失点）

14. 用左右两点透视法画椅子的透视图

以椅子为例，画出用消失点来确定物体深度与宽度的两点透视图。

两点透视图中消失点的位置可凭感觉确定。

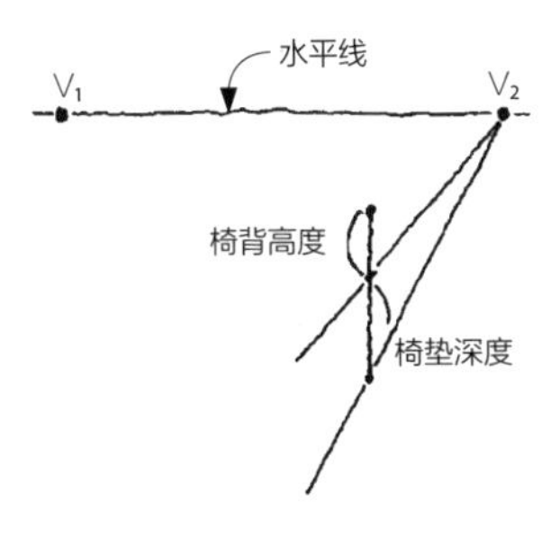

① 画出确定椅子坐垫深度和椅背高度的线，在上方画一条水平线，并在水平线上取任意两个点为消失点。

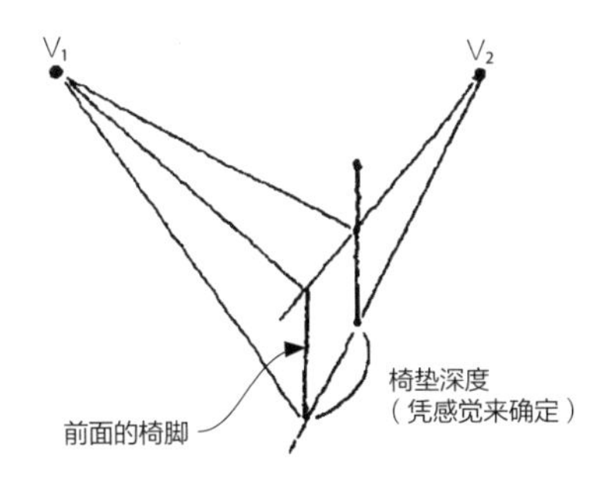

② 凭感觉来确定椅子坐垫的深度，并画出前面的椅脚。将两个消失点与椅脚的上下端点画线连接。

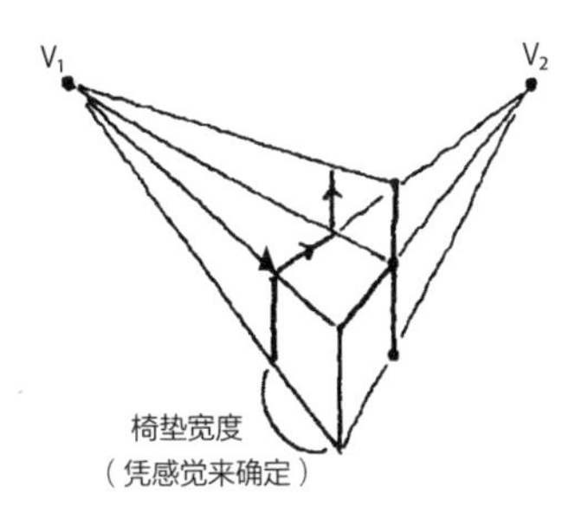

③ 凭感觉画出左侧的深度和椅垫宽度，并画出椅背。图中的所有垂直线都是相互平行的。

④ 再给坐垫和椅背画上一些设计细节就完成了。

15. 用上下两点透视法画椅子的透视图

上下两点透视图是在物体的垂直方向设置消失点。所有横向的线都相互平行。原则上是一种俯视的构图，来强调物体高度。

V_1

凭感觉确定消失点的位置

水平线

椅子的宽度

V_2

① 在垂直线上取两个消失点的位置。上方是表现深度的消失点 V_1，下方是表现高度的消失点 V_2。在与垂直线成直角相交的水平线上画出椅垫前端的部位，来确定椅子的宽度。

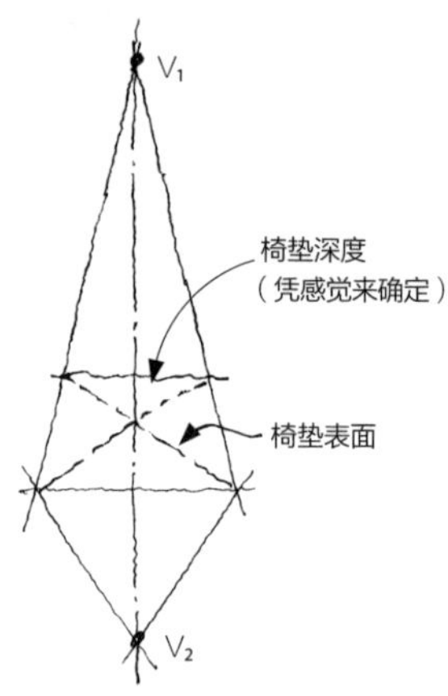

② 将表现椅子宽度的水平线两端与 V_1 点画线相连，并凭感觉确定表现椅垫深度的位置。

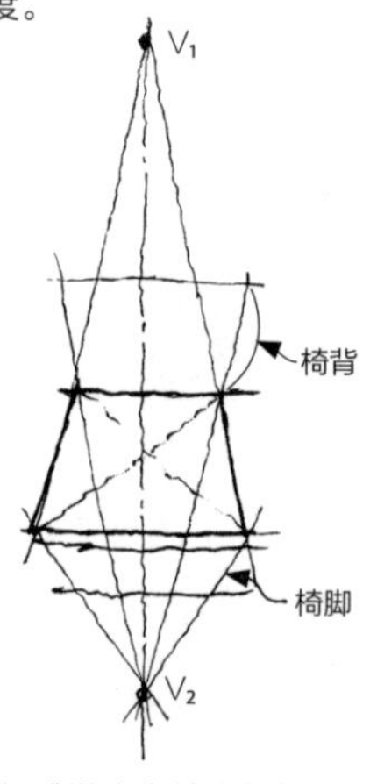

③ 可凭感觉确定椅脚与椅背的高度，画出水平线，椅子的基本轮廓就形成了。

④ 最后将椅垫和椅背画出来就完成了。

第二章

绘制轴测投影图的技巧

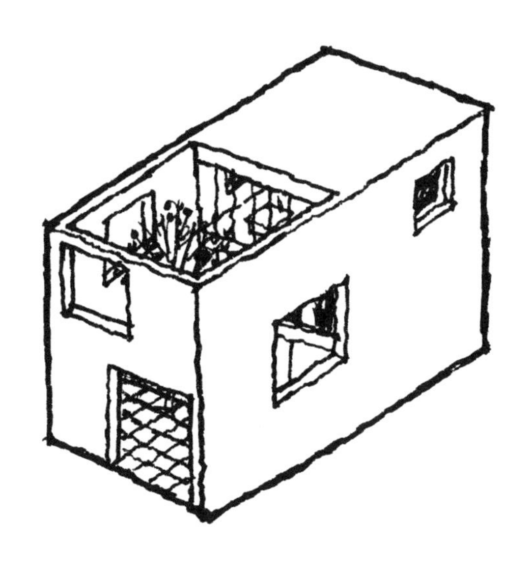

1. 什么是轴测投影图

轴测投影图的英文为“axonometric”，是在物体的深度、宽度、高度**三个方向上都没有消失点的透视图**。轴测投影图是直接在平面图的基础上加上物体高度绘制而成的图。虽然**平面图的摆放角度可以自由随意变换**，但因为三角尺的规格多为 45° 和 60°，绘制时较为方便，所以其角度多为 45° 和 60°。

正等轴测图的英文为“isonometric”，是轴测投影图的一种，其特征是三个方向的角度都为 120°。

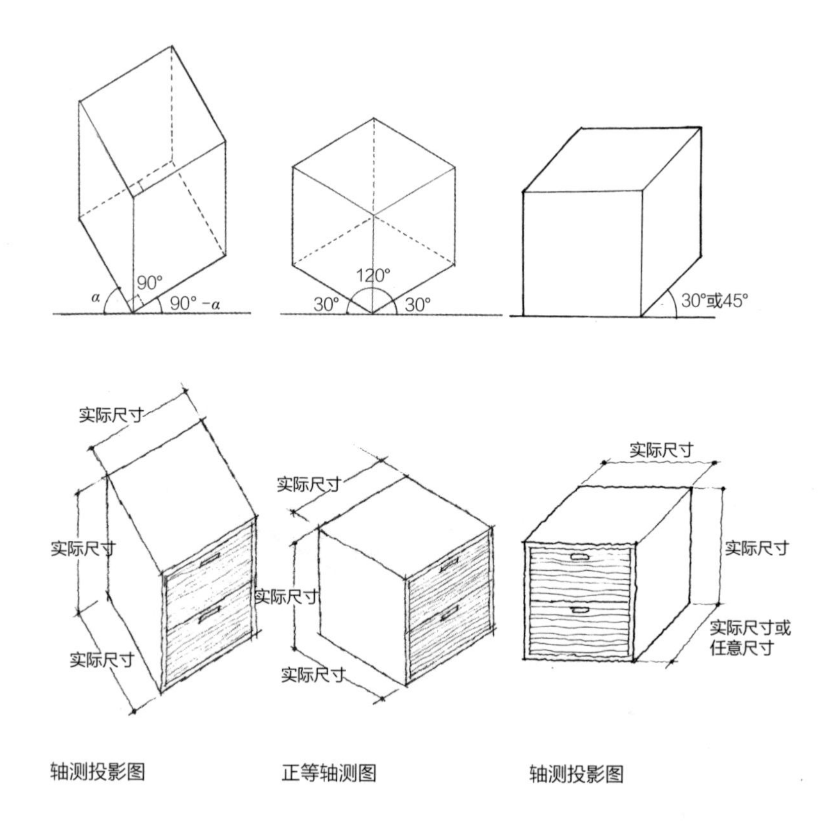

轴测投影图　　正等轴测图　　轴测投影图

2. 轴测投影图与透视图的不同

以建筑和椅子为例，来比较它们轴测投影图与透视图的不同。

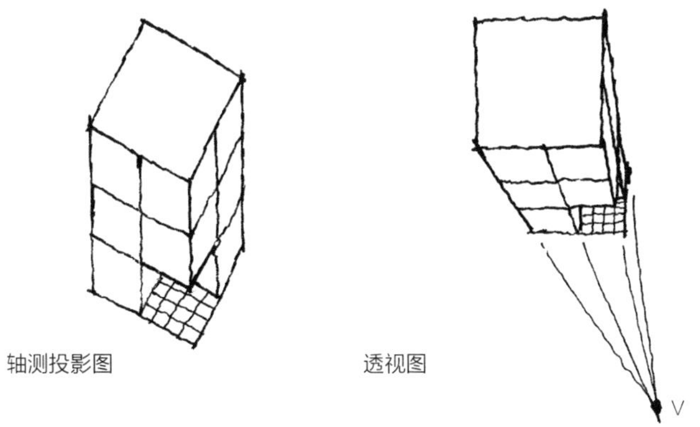

轴测投影图　　透视图

建筑物

在轴测投影图中，屋顶平面与一楼平面的大小、形状一致。轴测投影图的最大优点在于，不仅可以呈现物体的立体感，还可以读取比例尺。不过，虽然看起来立体，但欠缺远近感。一点透视图虽以平面图为基础绘制，但因为消失点位于建筑物下方，强调了建筑的高度。

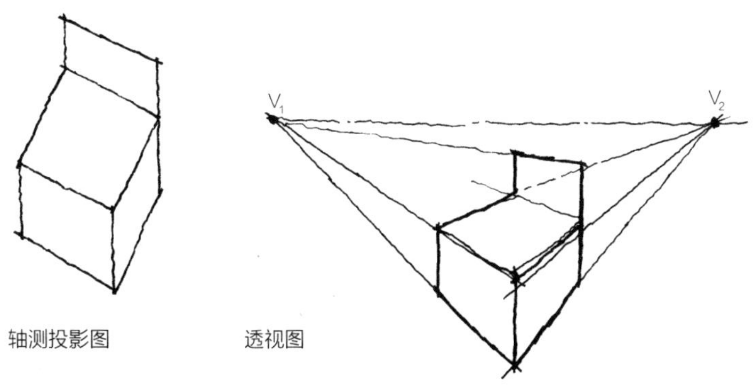

轴测投影图　　透视图

椅子

轴测投影图中的椅子，将椅脚和椅背等比例缩小，虽然可以读取比例尺，但立体感较弱。用两点透视法画出的椅子，与实际的椅子形态接近，更为自然。

3. 绘制椅子的轴测投影图

用椅子的平面图来绘制轴测投影图。

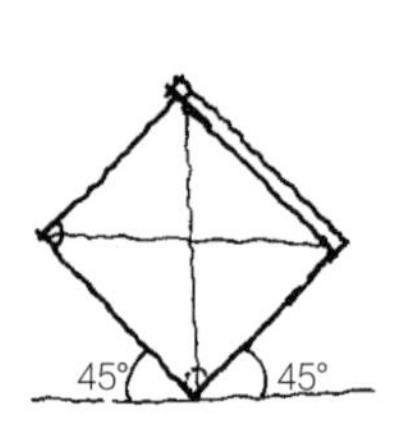

① 绘制正方形椅垫呈倾斜状的平面图。画面中的倾斜角为 45°。

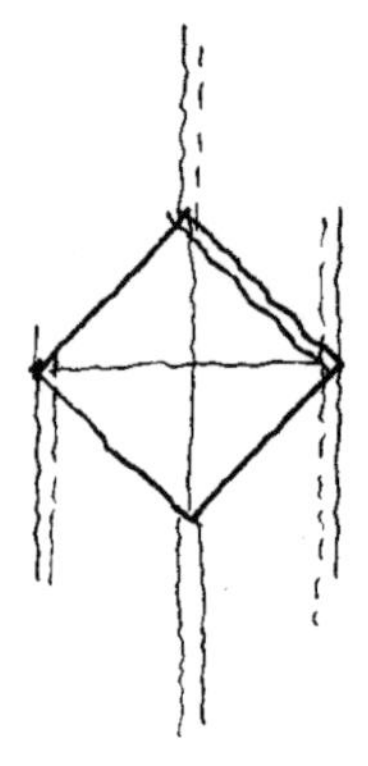

② 在垂直方向画出椅脚和椅背的延长线。

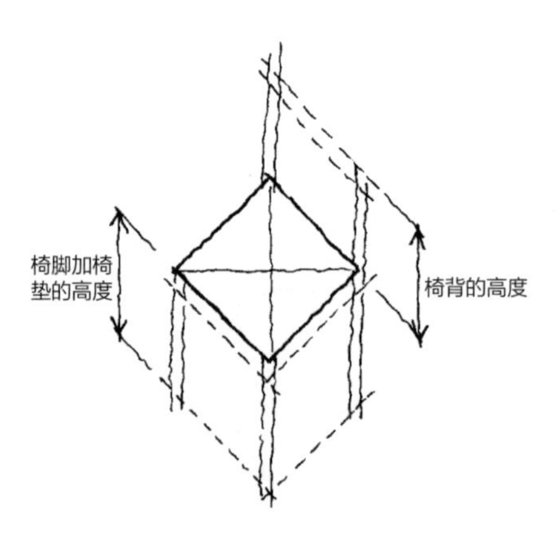

③ 椅脚和椅背的高度没有限制，图中正方形的椅垫平面与步骤①中的平面图大小相同。

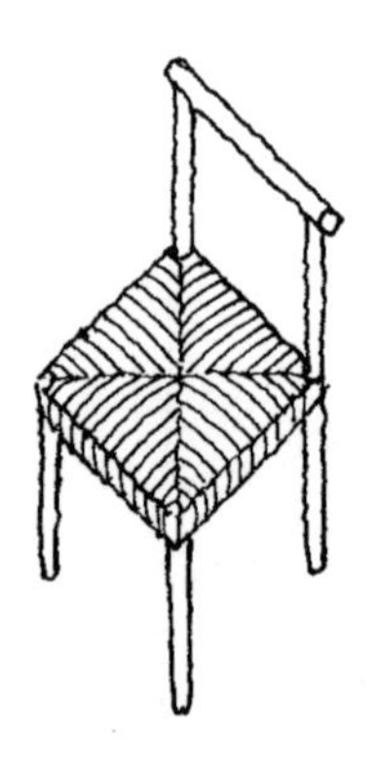

④ 给椅垫和椅背画上细节就完成了。

4. 绘制椅子的正等轴测图

接下来绘制椅子的正等轴测图，正等轴测图的视角看起来比较低。

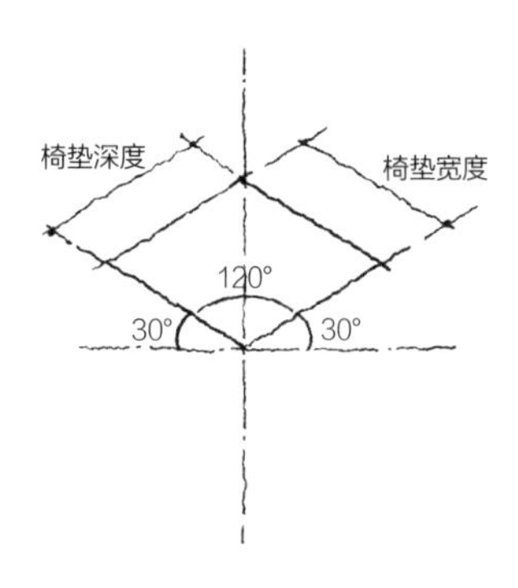

① 首先画一个两内角为 120° 的平行四边形，且四条边等长。

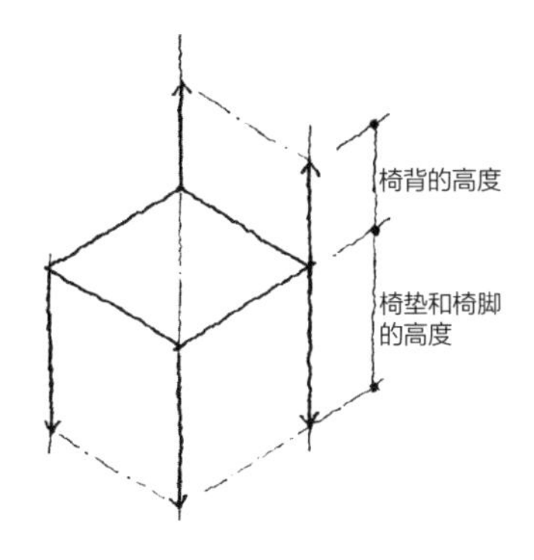

② 画出椅背和椅脚的垂直线。

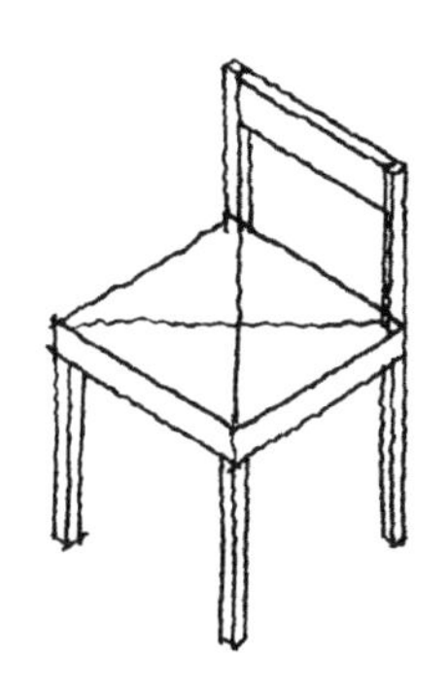

③ 调整椅背和椅脚的形状。

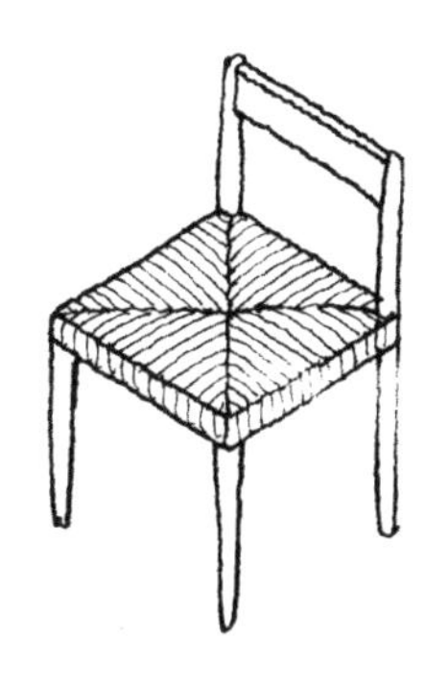

④ 给椅垫画上细节就完成了。

5. 绘制建筑物的轴测投影图

来试着画建筑物的轴测投影图吧。

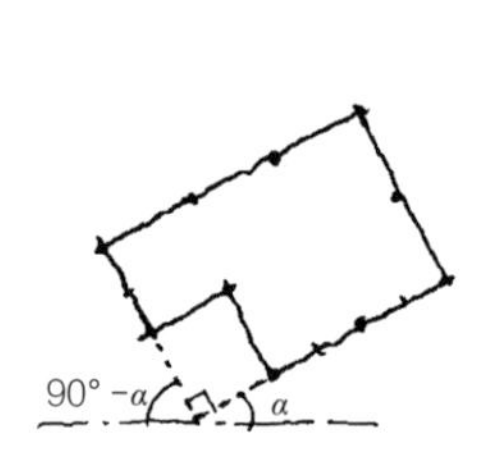

① 先画出倾斜的建筑物平面图，倾斜角度 α 随意。

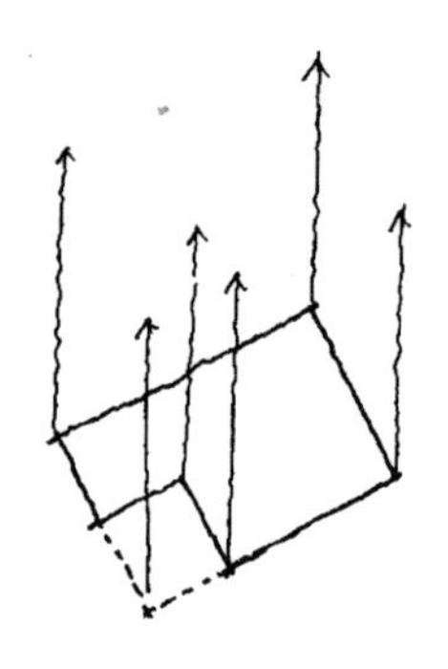

②将平面图各角往上延伸画出柱线。

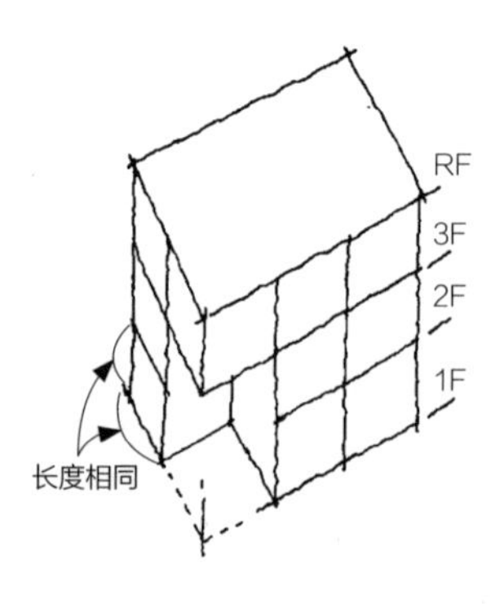

③ 画出表示各楼层高度的线，高度没有限制。上图中的柱间距和层高是相等的。

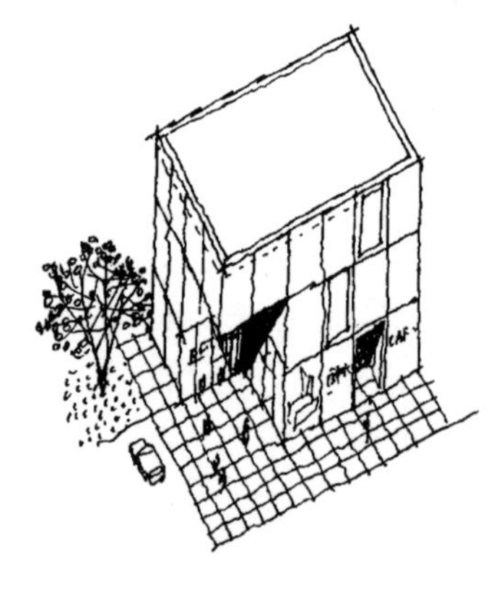

④ 画出建筑物的窗户和路面，再点缀上人物、车辆和绿植就完成了。

6. 绘制建筑物的正等轴测图

接下来用正等轴测图，试着画出与上一节一样的建筑吧。

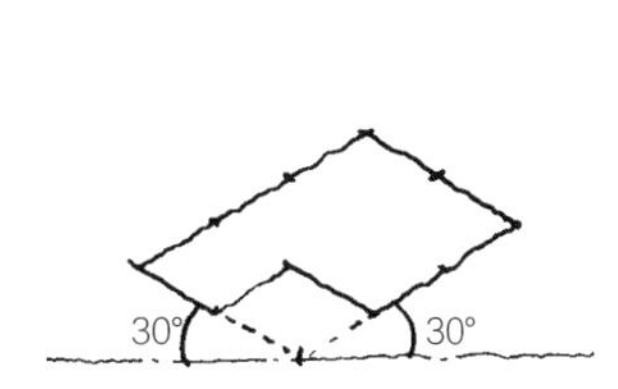

① 先画一个长宽比为 3：2 的平行四边形。

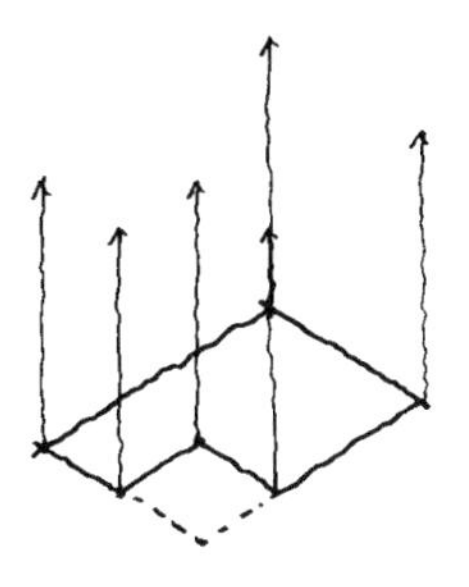

② 从各角向上延伸，画出柱线。

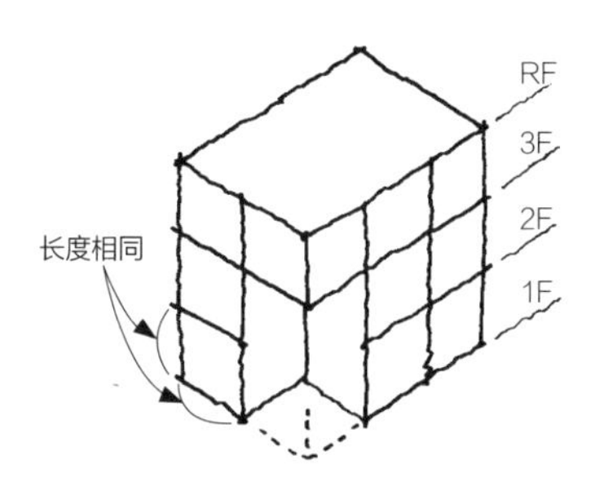

③ 画出表示各楼层高度的线，高度没有限制。上图中的柱间距和层高是相等的。

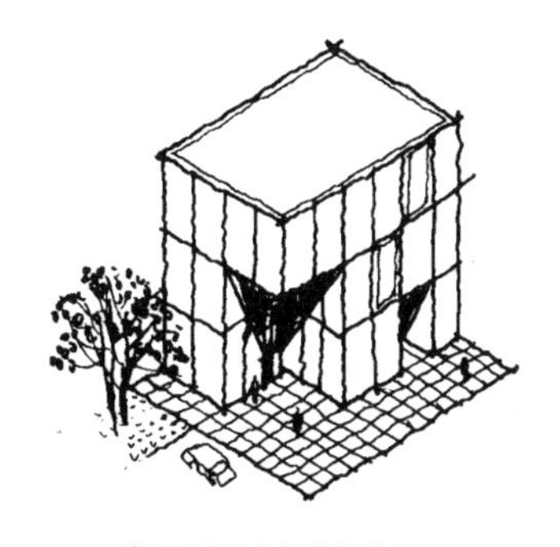

④最后画上细节部分。

7. 绘制楼梯的轴测投影图

本节将介绍两种楼梯的轴测投影图画法。

从楼梯的立面图画起

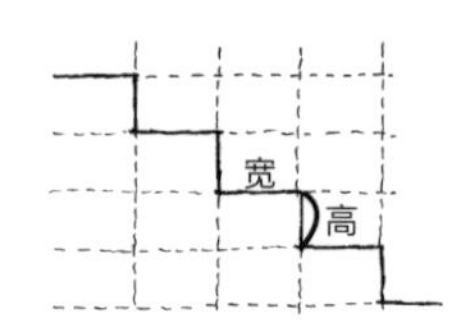

① 先画出楼梯的侧面图。

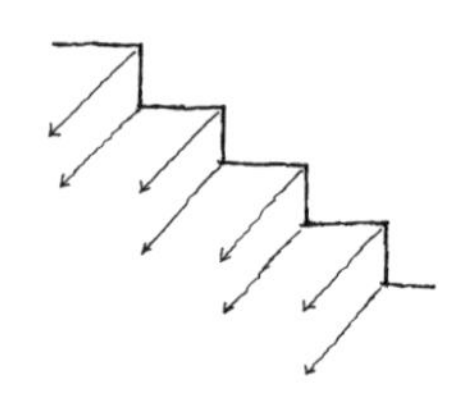

② 从各角处画出相互平行的延长线，角度随意。

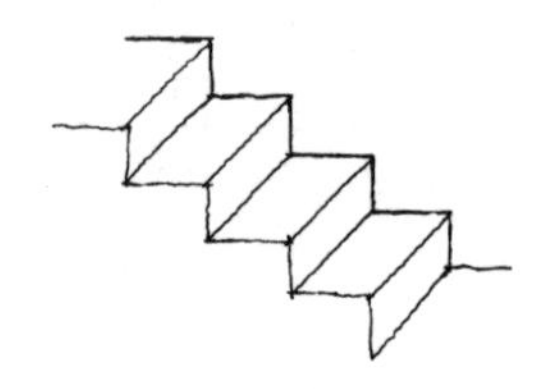

③参照楼梯侧面图的比例尺，确定楼梯的宽度。

从楼梯的平面图画起

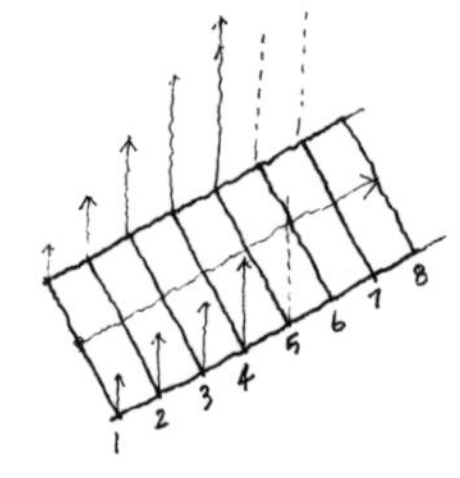

① 先画出楼梯的平面图，之后从各点处向上延伸画出表示各层楼梯高度的线。

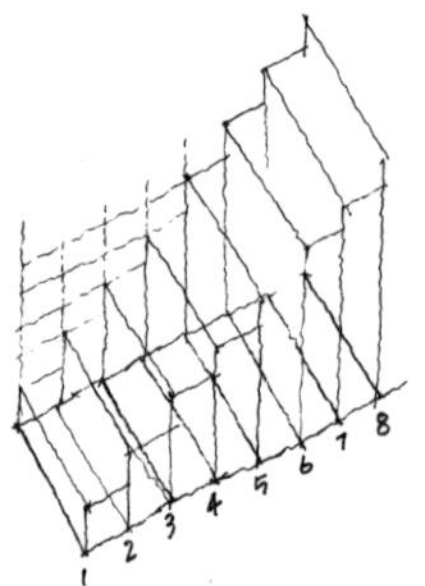

② 将楼梯两侧表示同一高度的线连接起来。

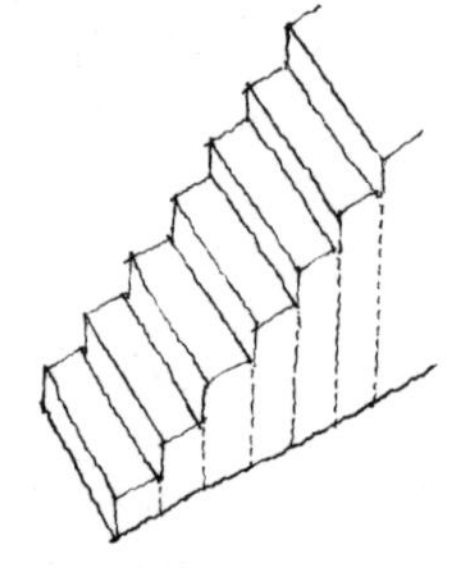

③ 画出楼梯踏步板。

8. 绘制圆桌的轴测投影图

来试着用轴测投影图画圆桌吧。

在轴测投影图中可以直接呈现平面图中图形的原样。用透视图来画圆形物体有一定难度，但用轴测投影图绘制就会变得很简单。

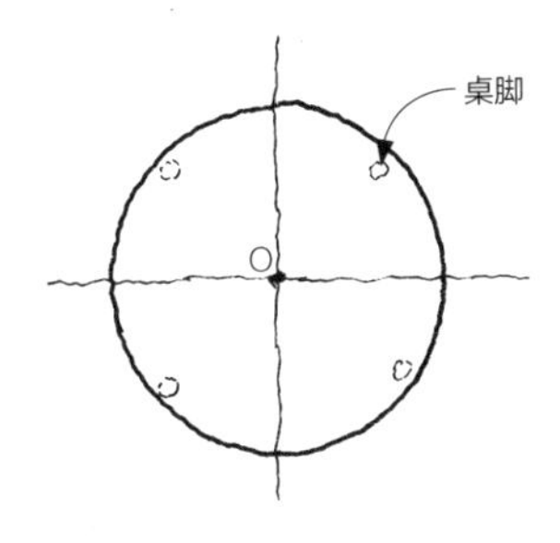

① 先画出圆形的桌面，标出桌脚的位置。

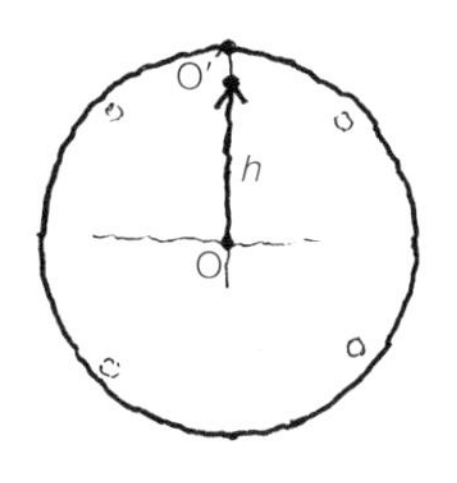

② 将圆心 O 向上平移至 O′，移动距离为桌子的高度 h。

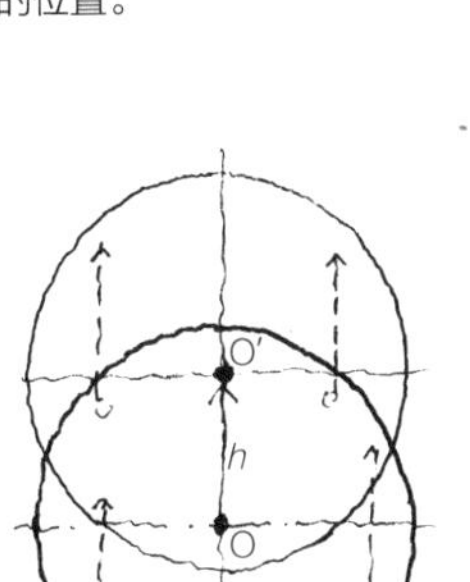

③ 以 O′ 为圆心画出与桌面相同的圆，并画出表示桌脚的线。

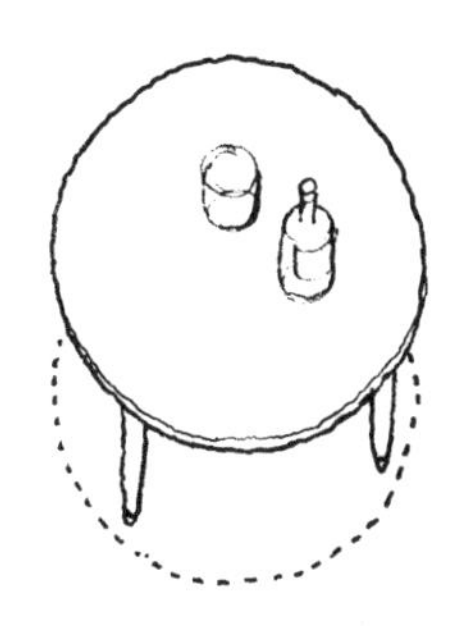

④ 向上平移后画出的圆，就是轴测投影图中的桌面。再画出桌脚的轮廓并添加细节，将下方的圆擦掉便完成了。

9. 绘制旋转楼梯的轴测投影图

用透视图画旋转楼梯是件很困难的事，若用轴测投影图来绘制，则只需要将踏步板的平面根据楼梯的高度平移，就可以轻松画出旋转楼梯。

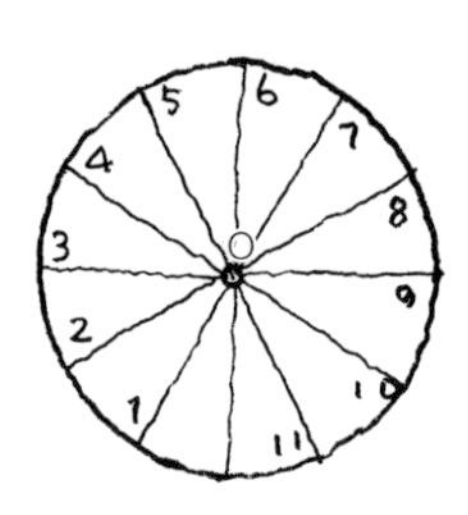

① 先画出旋转楼梯的平面图，并标出踏步板的顺序编号。

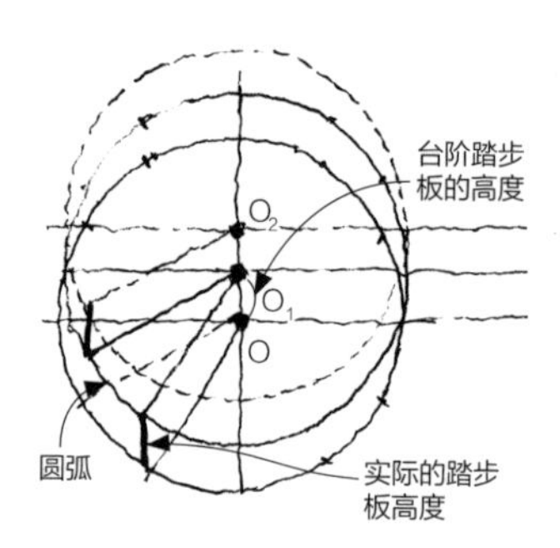

② 从旋转楼梯平面的圆心 O 画出垂直线，并根据台阶数和高度确定各台阶平面的圆心 O_1、O_2……再以 O_1 为圆心画出第二层楼梯的平面圆，与以 O 为圆心的第一层楼梯平面画线连接。

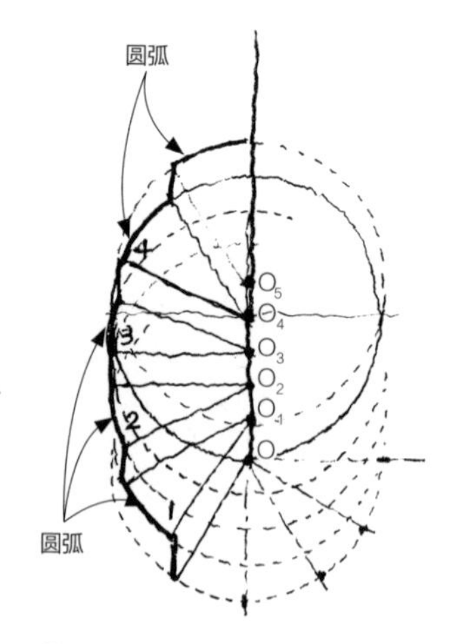

③ 用同样的方法依次画出其他各层楼梯的踏步板。

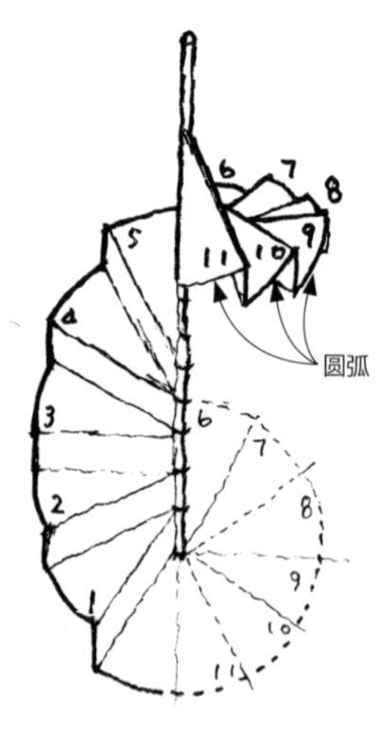

④ 画到一半时，因为角度旋转无法看到重叠部位，需要将这部分的线擦除干净。

10. 绘制室内空间的轴测投影图

用轴测投影图画室内设计图，也比用透视图画要简单。

从平面图上各点处画出相互平行的延长线，来表现室内空间的深度、宽度和高度。从平面图延伸出的表示高度的线，有向上画和向下画两种画法。本节介绍的向下绘制的画法，是可以同时呈现两个墙面的构图方法。

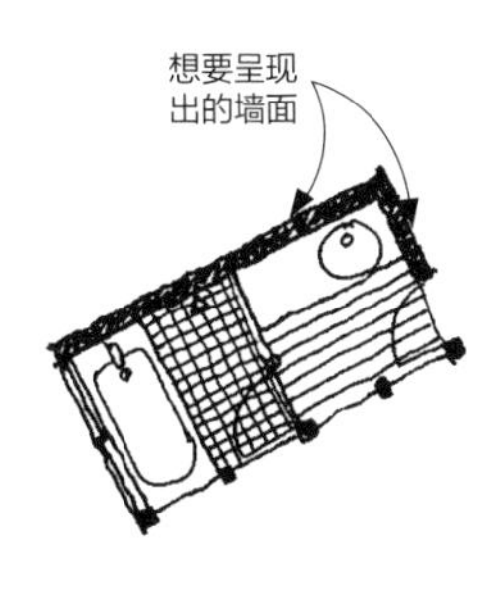

① 先将室内平面图倾斜，倾斜角度没有限制。但需要将想表现出的墙面画在平面图上部。

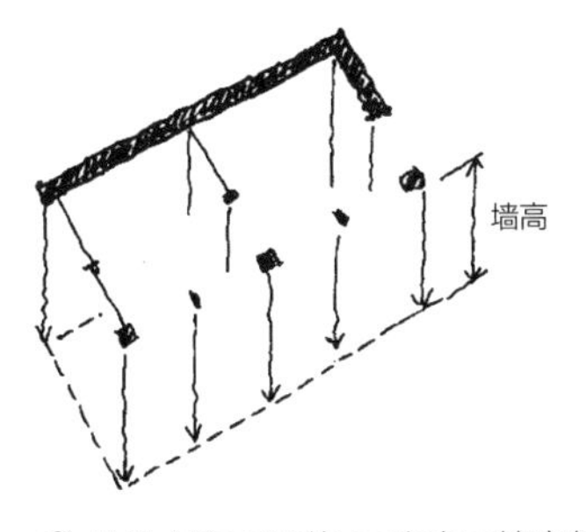

② 从各点向下延伸，画出表示墙高的垂直线。

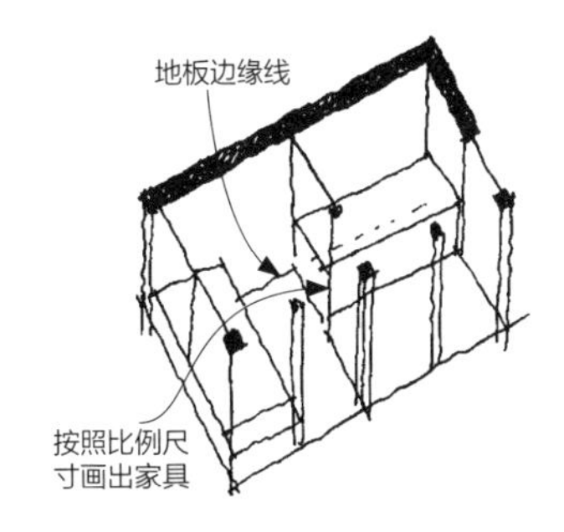

③ 确定墙壁高度后，画出地板的边缘线，并根据地板的比例尺寸画出家具。

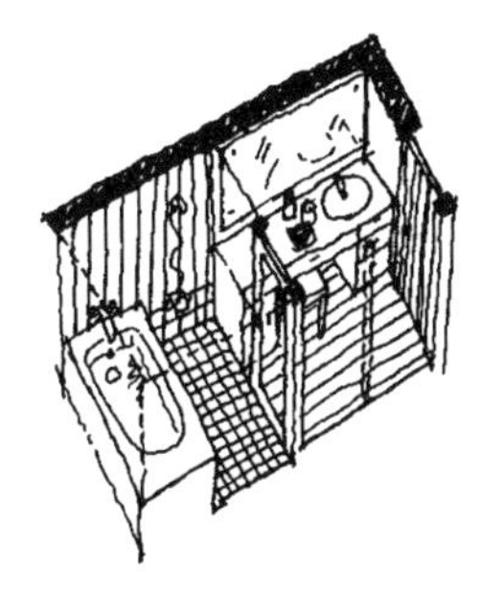

④ 最后，仔细画上浴缸、盥洗台、地板样式和墙面样式。

11. 在轴测投影图中绘制阴影(1)

给平面图画上阴影，看起来会更有立体感。**平面图加阴影的画法与轴测投影图的画法其实是相同的。**

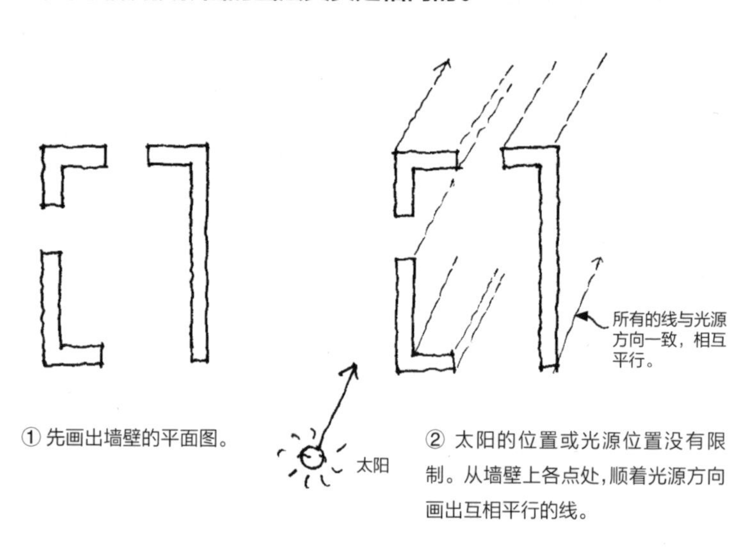

① 先画出墙壁的平面图。

② 太阳的位置或光源位置没有限制。从墙壁上各点处，顺着光源方向画出互相平行的线。

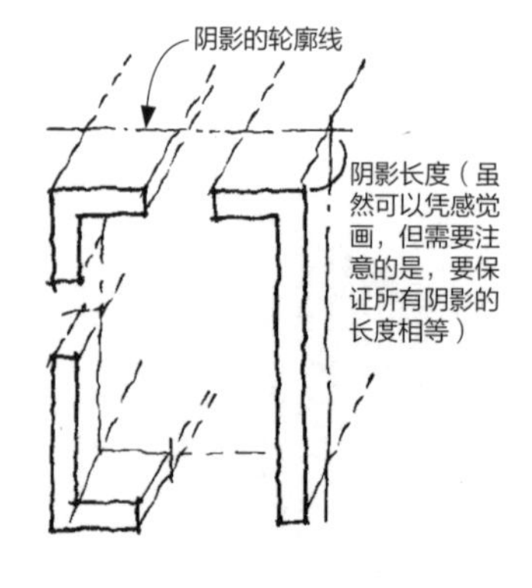

③ 可凭感觉确定阴影的长度。

④ 最后将阴影部分涂黑，看起来就是俯视角度的轴测投影图。阴影需要与墙壁相连。

12. 在轴测投影图中绘制阴影(2)

轴测投影图有时无法表现出远近感,看不出物体的凹凸差别。若画上阴影,则会更加突显立体感。

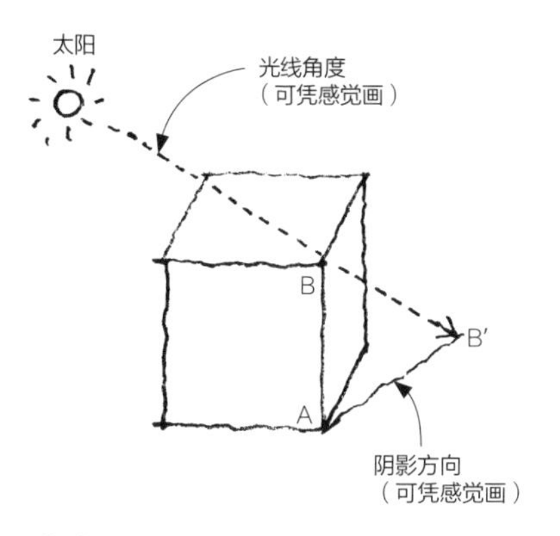

① 光线角度和阴影方向没有具体限制。光线与 A 点延长线的交点 B′ 是 B 点的阴影。

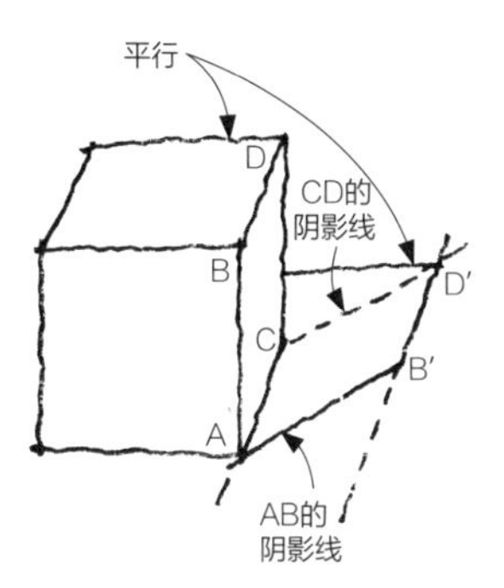

② AB 的阴影线 AB′ 与 CD 的阴影线 CD′ 相互平行。

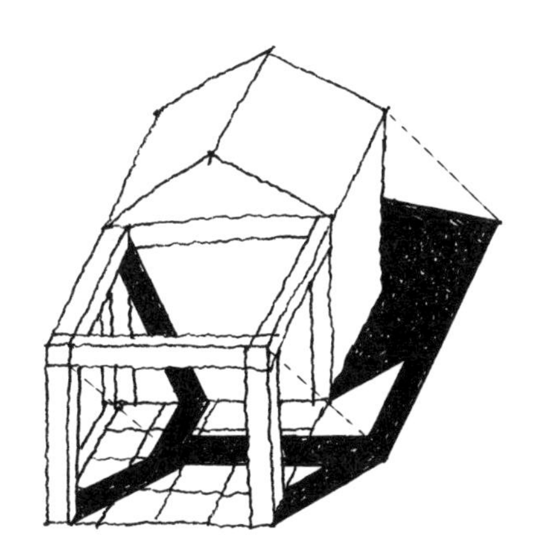

③ 在轴测投影图中画上阴影,强化物体的立体感,阴影的方向保持平行。

第三章

绘制室内设计图

1. 画透视网格线

透视网格线由若干条透视线构成，是用于表现远近感的引导线。描绘内部透视和外部透视都很适用。若自己也能绘制透视网格线，则可以轻松画出一张具有个人风格的透视图。此外，如果将透视网格线图放置在图纸下方练习画透视图，久而久之即使没有透视网格线图，也能熟练地画出漂亮的透视图。

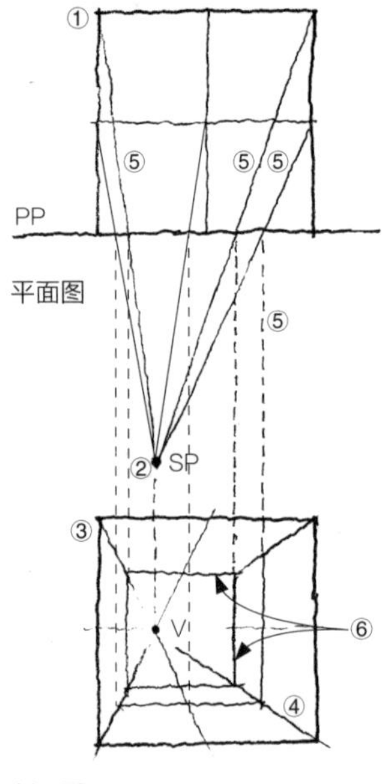

怎样画网格线

①先画出正方形的平面图。

②确定一个 SP 点（人的站立位置）。SP 与 PP（投影面）的距离越近，越能强调透视图的空间深度。

③在 PP 正下方画出立方体的剖面图，并取一个消失点 V。

④将 V 点与剖面图上各点画线连接。

⑤将平面图上各点与 SP 点画线连接。从连线与 PP 的相交点处向下画垂直线。

⑥将垂直线与步骤④中所画的斜线相交。将各交点间画水平直线连接，要注意所画的水平线与剖面图各边是平行的。

⑦画完网格线后，便可将家具等物件按照透视图的规则画上。

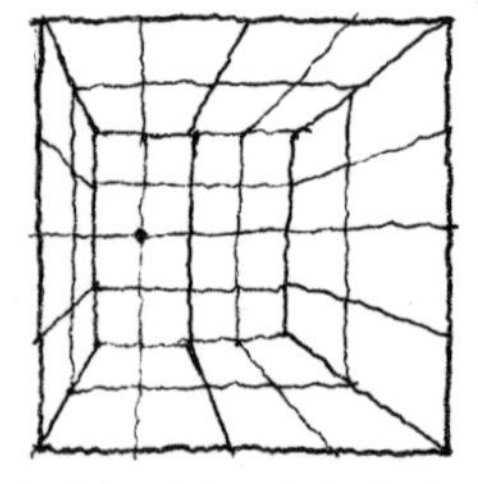

网格越多，越容易绘制透视图。

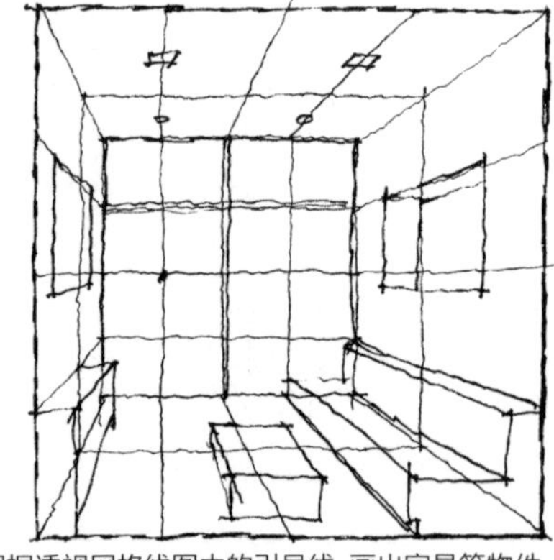

根据透视网格线图中的引导线，画出家具等物件。

2. 用透视网格线来绘图

在本书第 118 页的透视网格线图上铺上半透明的描图纸，来练习画透视图吧。熟练后，就算没有透视网格线图也能画出透视图。

先在透视网格线图上画出家具、门窗等的草图。

在半透明描图纸上细化后完成绘图。

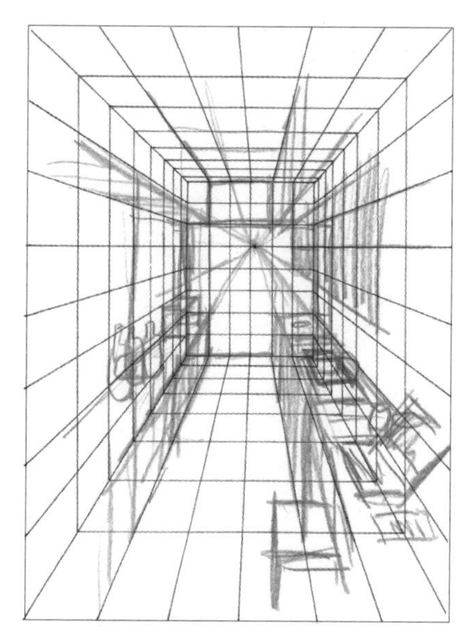

将透视网格线图旋转 90° 后,画出草图。

这里是重点!
用透视网格线图绘制透视图的最大缺点是,所画透视图的构图都是一样的。为了让画面构图更加多样,可以将透视网格线图旋转 90° 或将其上下颠倒。

在半透明描图纸上细化后完成绘图。

3. 通过立面图画出透视图

使用立面图来绘制室内空间的透视图会比较简单。确定好消失点后画出家具以及门窗的轮廓线。

消失点的选取方式请参照本书第 12 页。空间深度可以凭感觉画。

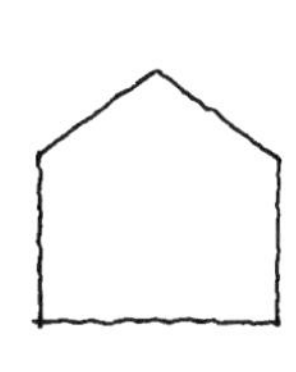

① 先画出室内墙壁的立面图。

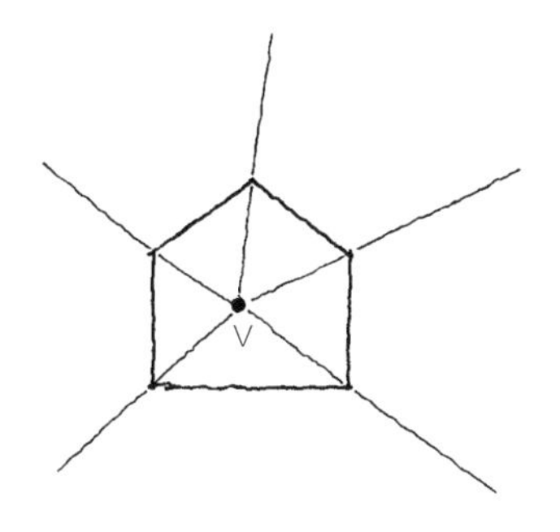

② 选取墙上任意一点为消失点，并与墙壁各角连线画出延长线。

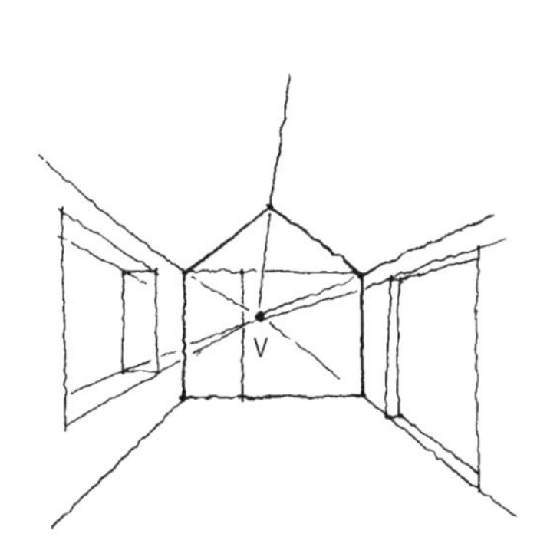

③ 凭感觉画出合理的门窗等开口处的深度。

④ 在空间内画上点缀的挂画、沙发、桌子等物件。若有能力，还可以将窗外的景物画出。

4. 通过平面图画出透视图

本节介绍室内透视图中俯视角度的构图。确定合适的消失点位置后，画出家具和门窗的轮廓线。

平面图中的门窗呈现水平状态。若在绘制透视图时过分强调墙面的深度，室内空间会显得局促。

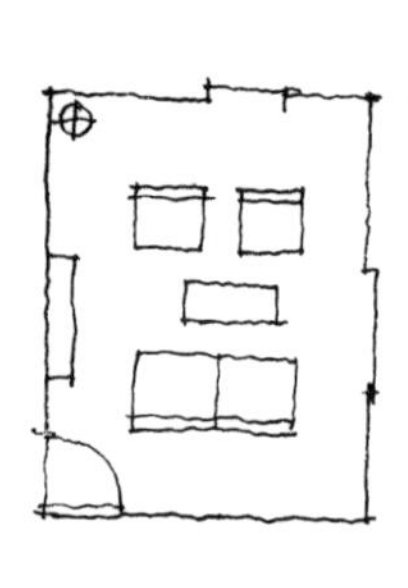

① 先画出室内空间和家具等物件的平面图。

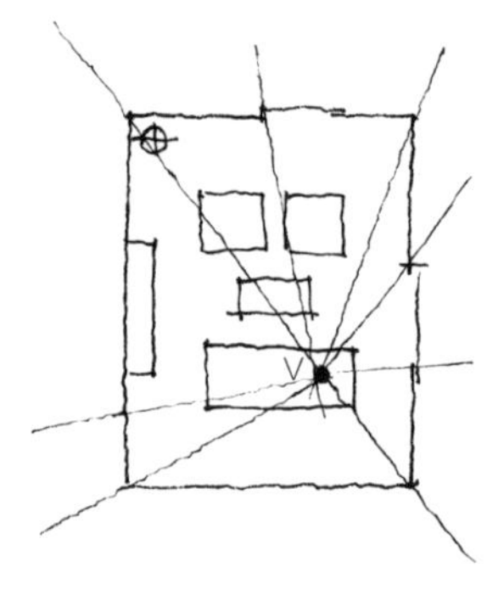

② 在平面图中任取一点为消失点，并与平面图中各角以及开口处连线，画出延长线。

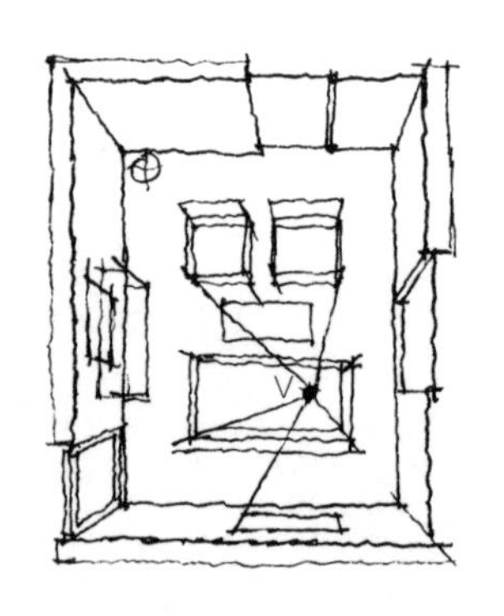

③ 画出透视图的深度（墙面的高度），但不宜过深，否则会显得墙面过高、房间局促。画出门窗和家具的轮廓。

④ 最后将墙壁部分涂上阴影，表现出墙壁的厚度。

5. 增加透视图中的氛围感

若说下列两幅图中的第一幅是合理的透视图，当然不为过。但只画出床和收纳家具，呈现出的画面未免缺乏生活气息。

若想为室内空间的透视图增添一些生活气息，则需要添加家具、家电、照明器具、壁画装饰等细节。大家可以参照照片和网店中喜欢的家具摆件，试着画出具有设计感的家具，来为自己的透视图增添真实感。

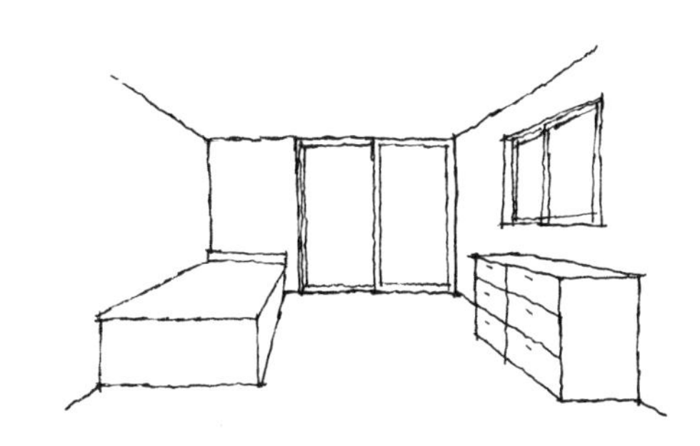

缺乏生活气息的室内空间。

画入家具摆件后营造出的氛围。

6. 家具与窗户高度的确定方法

在立面图中可以轻松画出家具与窗户的高度，因为我们可以一边画一边考虑人的视线与家具、窗户之间的高度关系。

① 先在立面图中取一个消失点 V，其高度为人的视线高度（约 1500 mm）。

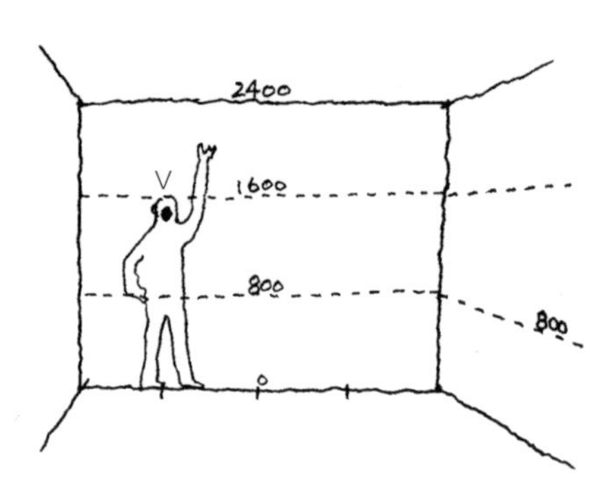

② 根据比例确定窗户的上下缘高度（上缘高度约 2000 mm，下缘高度约 800 mm）。在墙壁立面上画出桌子的侧面，并将四角与消失点画线连接。在右侧墙面上画出窗户高度线和家具高度线。

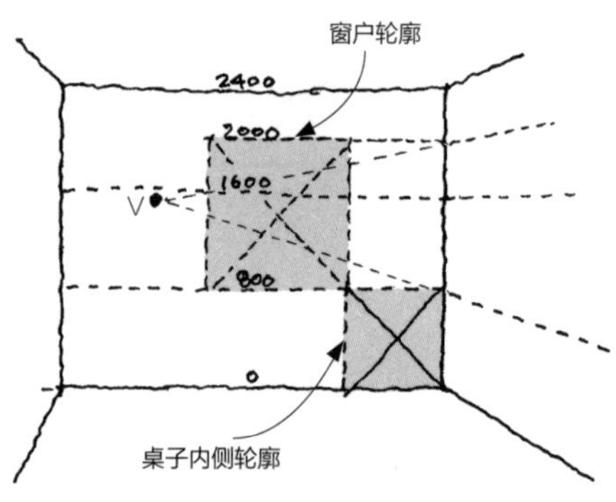

③ 可凭感觉确定桌子和右墙窗户的深度，确定后画上窗框和抽屉等细节。根据画面比例确定 ❶、❷ 线（窗户与桌子的高度）的位置。

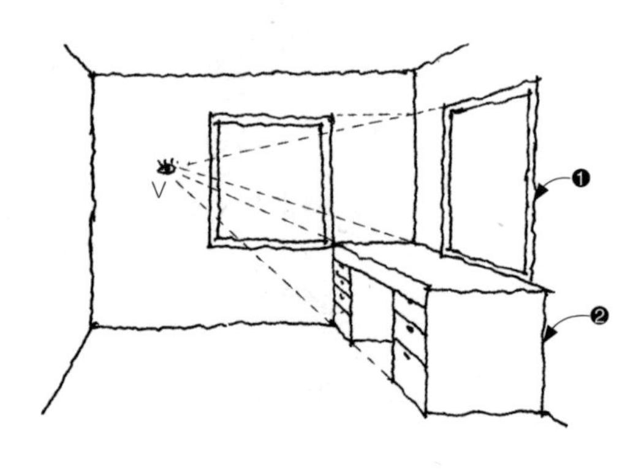

7. 分段绘制有进深的墙壁

在墙壁上画出立柱，画玻璃时，像右图那样在空间深度上等距离分割的画法是错误的。现在，我就来介绍一下透视图中空间深度的比例分割画法。

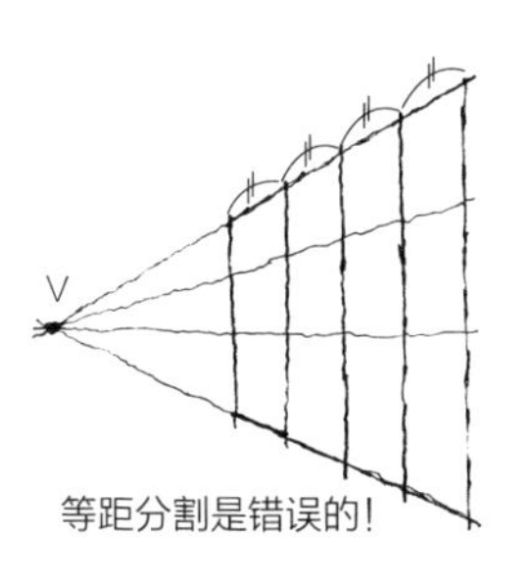

等距分割是错误的！

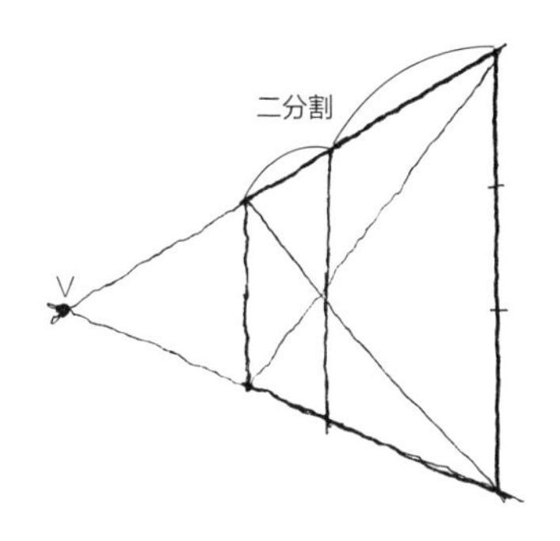

① 在对角线的交点上画垂线，将空间深度分割成两个梯形。

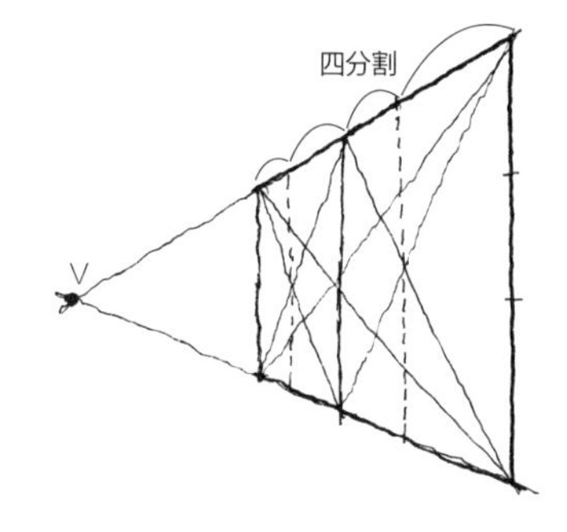

② 在两个梯形中再分别画出对角线，并在对角线交点上画出垂线。将空间深度分割成四个梯形。

③ 根据分割的区域画出窗框或橱柜等元素。

8. 绘制书架

接下来试着绘制书架的透视图吧。步骤①中的左图是将书架的正立面画出透视感，比较简单。右图则是通过书架的侧立面图画出的强调空间深度的透视图，并将其分割成三个部分。

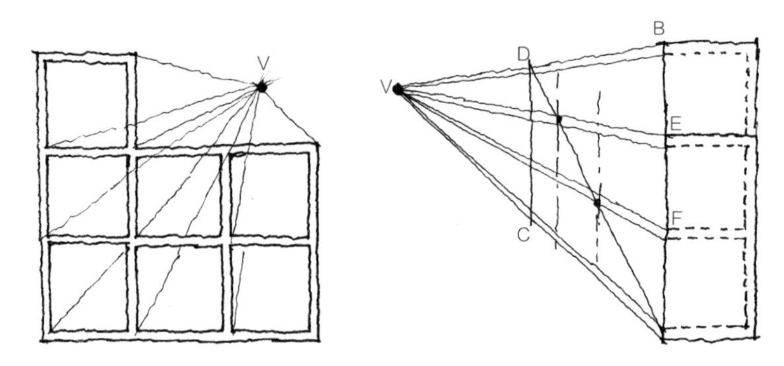

①先分别画出书架的正立面图和侧立面图，取一点 V 为消失点（左图中消失点位于正立面图内侧，右图中的消失点可随意选取），将立面上各点与消失点画线连接。右图中的 CD 线可凭感觉画出，用以表现书架深度，将 D、A 两点画线连接。同时将 E、F 点与消失点 V 连接，在 EV、FV 与 DA 线的交点处画垂线，将书架分割成具有透视感的三个部分。

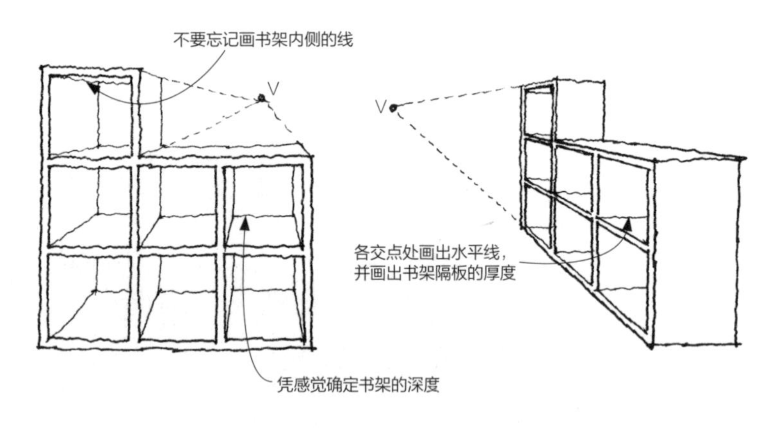

②书架的深度可以凭感觉确定，最后画出书架隔板的厚度就完成了。

9. 绘制厨房用品

想必有很多画不好生活中小物件的人。本节就来教大家如何绘制形态复杂的小物件。以厨房中的小物件为例。

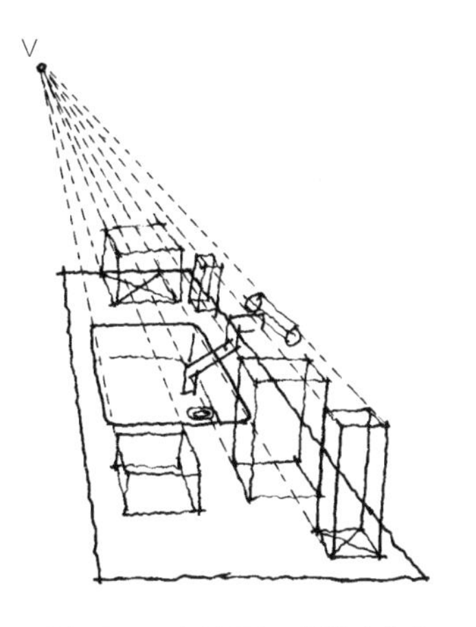

①想要画厨房料理台区域的小物件，我们首先需要找到料理台的消失点。将台面上的小物件假定成立方体，然后利用料理台的消失点画出它们的轮廓。

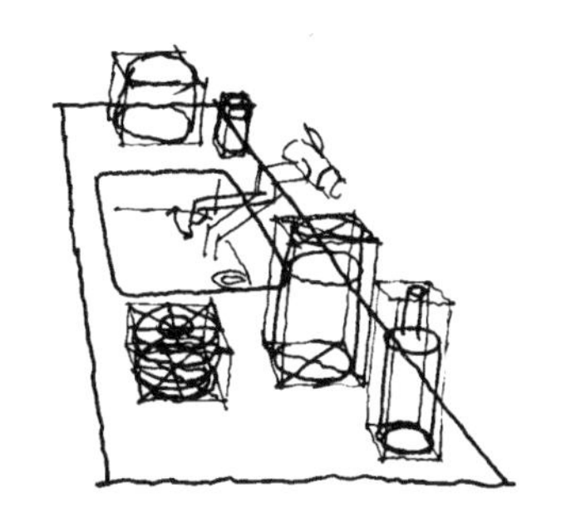

②在各个立方体中画出圆柱体和圆锥体的轮廓。

③最后将画出的物体轮廓刻画成水壶、碗碟、玻璃瓶等小物件即可。

10. 绘制挑空空间

挑空是住宅中天花板较高的空间，消失点位置会随着观看者在一层与二层间的移动而改变，但无论怎么改变，绘制方法都是一样的。

消失点位置较高（位于二层）

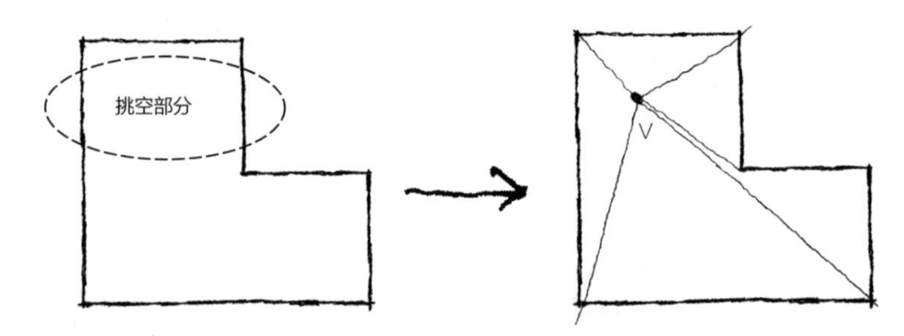

① 首先画出挑空部分的剖面图。

② 凭感觉在二层区域选取消失点的位置，各角与消失点之间画线连接。

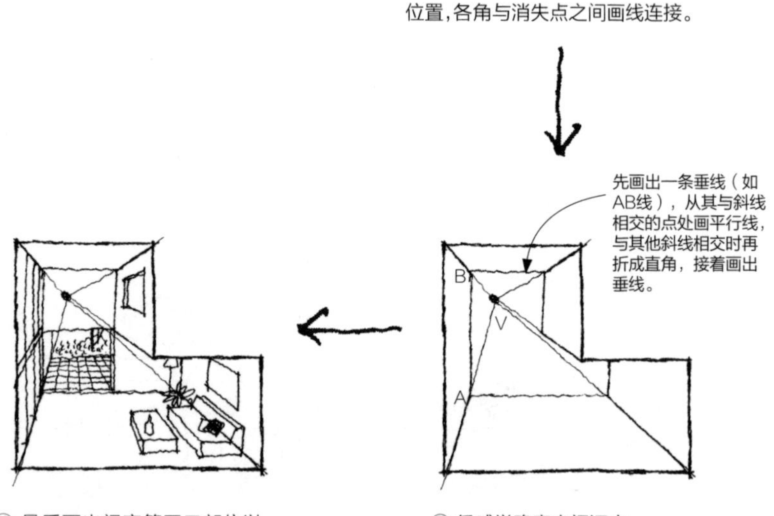

④ 最后画出门窗等开口部位以及沙发、桌子等。

③ 凭感觉确定空间深度。

消失点位置较低（位于一层）

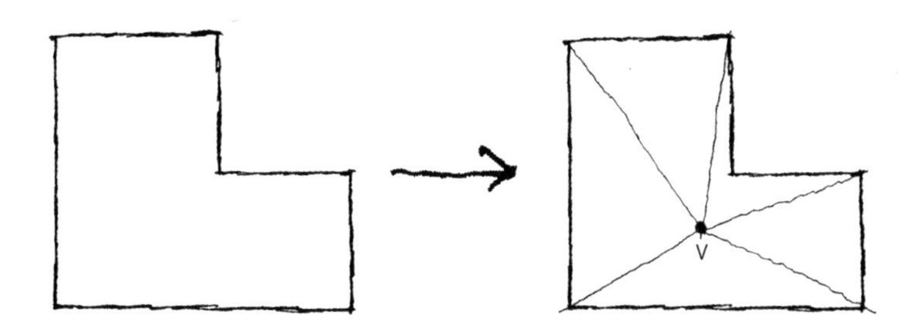

① 首先画出挑空部分的剖面图。

② 凭感觉在一层区域选取消失点的位置，各角与消失点之间画线连接。

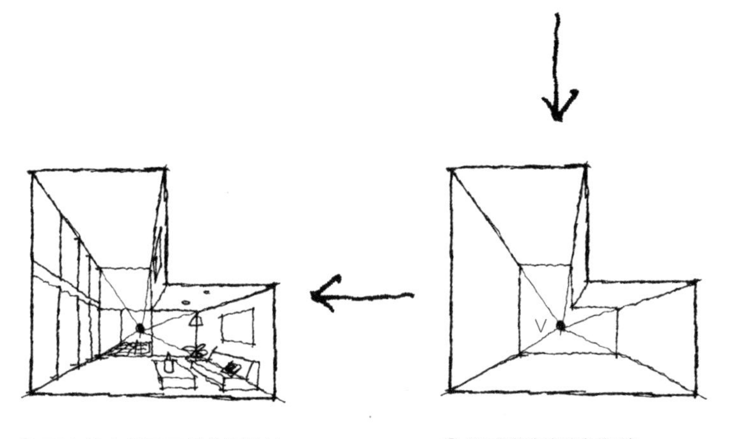

③ 凭感觉确定空间深度。

④ 画出门窗等开口部位以及沙发、桌子等便完成了。

11. 绘制倾斜的天花板(1)

本节我们以右图中从天花板侧边观看的视角为例，来讲解如何绘制出带有倾斜天花板的室内透视图。

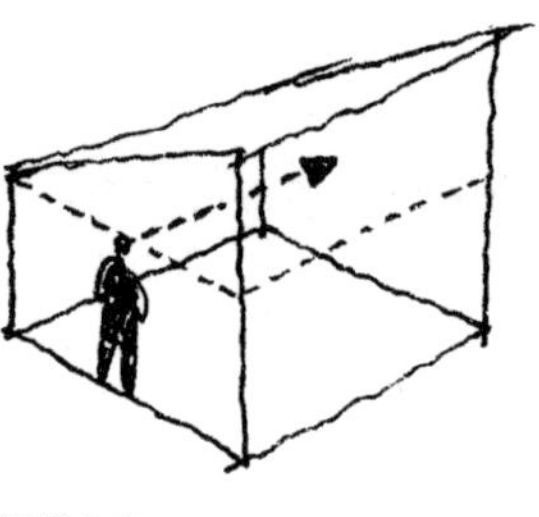

视线方向

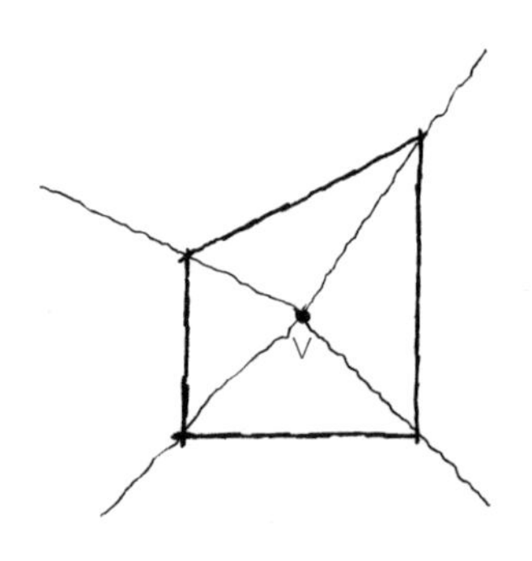

① 首先画出侧面墙壁的立面图。从人的视线高度处，任取一点为消失点，这样画出的透视图，构图更加自然。将立面图上各点与消失点画线连接。

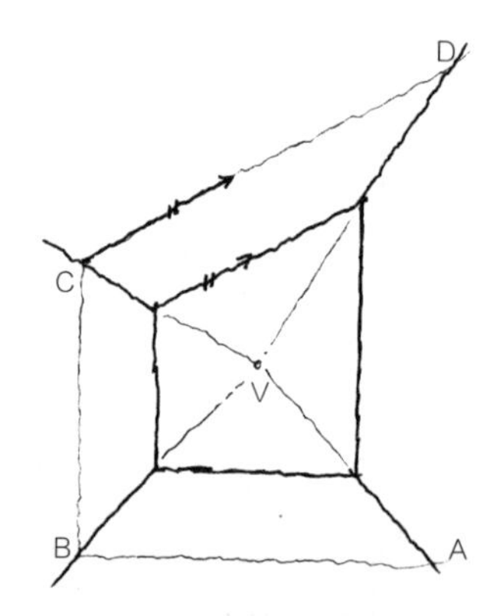

② 根据画面比例画出地板的边线AB与表现墙面深度的垂线BC。从C点出发，画出与倾斜天花板平行的边线CD。

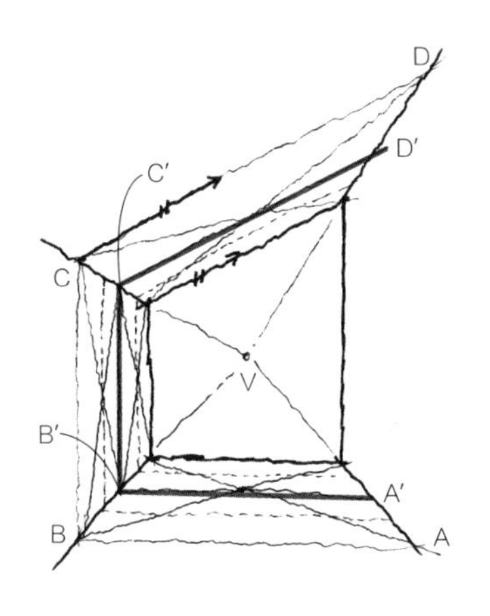

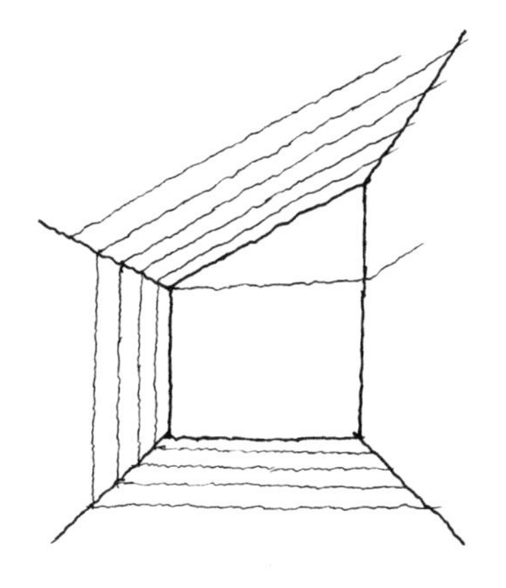

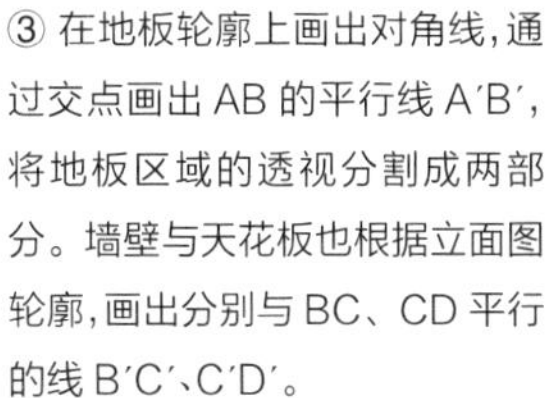

③ 在地板轮廓上画出对角线，通过交点画出 AB 的平行线 A′B′，将地板区域的透视分割成两部分。墙壁与天花板也根据立面图轮廓，画出分别与 BC、CD 平行的线 B′C′、C′D′。

④ 重复上一个步骤，画出落地门窗和柜子与地板的接缝线。

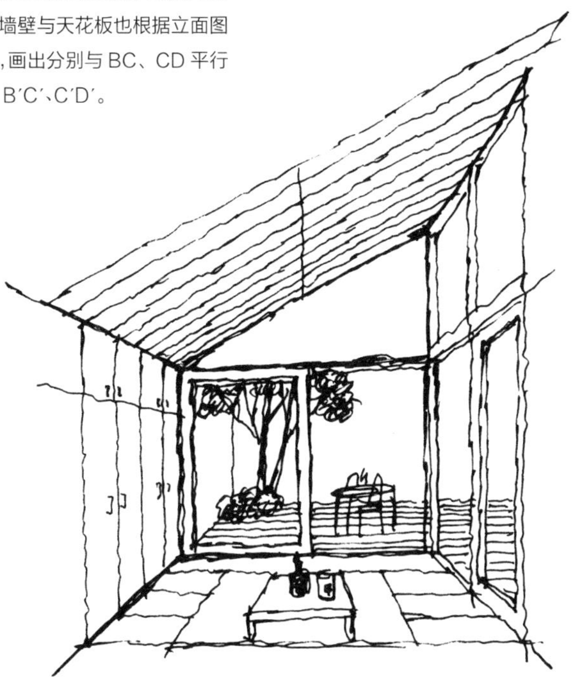

⑤ 最后画上家具、摆件等小物件就完成了。将窗户外的景物也画出来，整体空间会显得更加开阔。

12. 绘制倾斜的天花板(2)

这一节中,我们改变视线方向,从倾斜天花板屋脊下的立面处画起,从透视图中可以看到天花板倾斜向下的样貌。

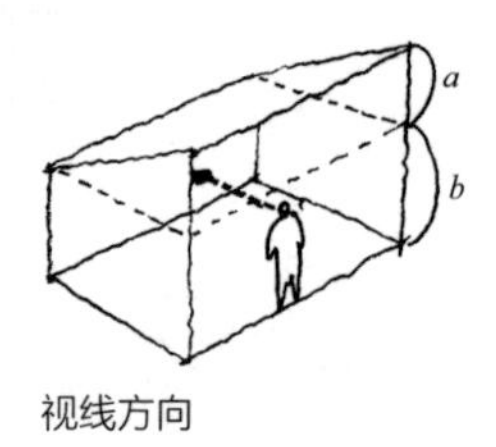

视线方向

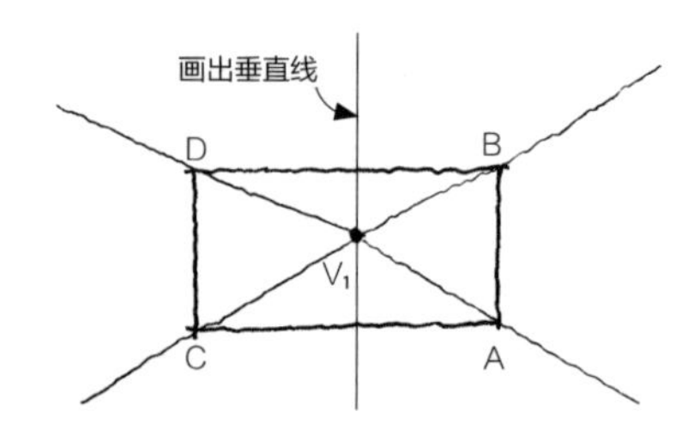

① 先画出立面图,取任意一点 V_1 为消失点,将立面图上各点与消失点间画线连接,并通过消失点画垂直线。

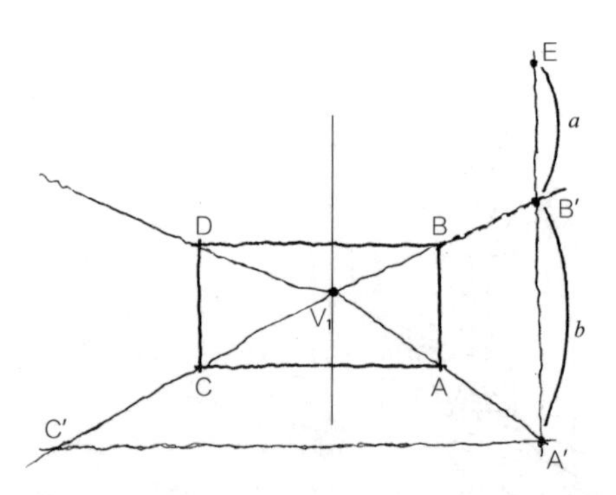

② 凭感觉画出视野的外轮廓线 A′C′。通过 A′ 画垂直线,与 V_1B 的延长线交于 B′。将垂直线 A′ B′ 的长度定为 *b*,并根据上图中的 *b* : *a* 的比例,在 A′ B′ 的延长线上确定点 E 的位置。

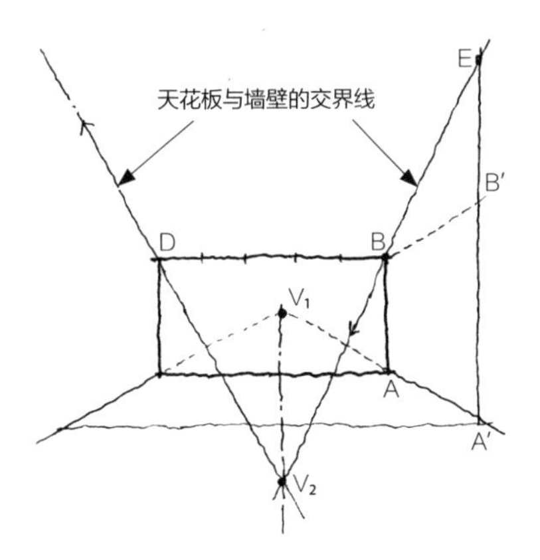

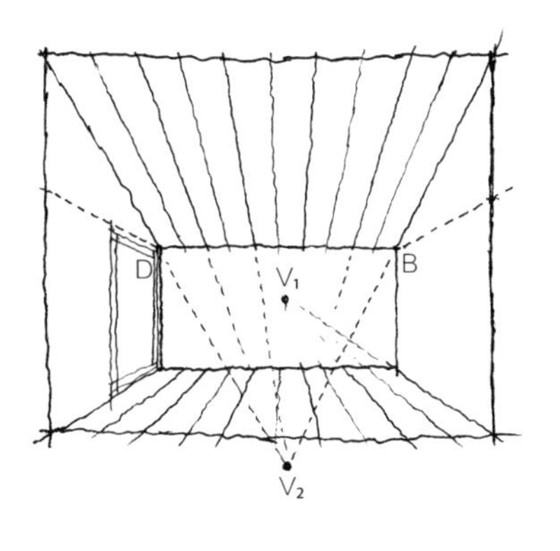

③ 连接 EB 画延长线与过 V_1 的垂直线相交，交点 V_2 为天花板的消失点。EB 为天花板与右侧墙壁的交界线。连接 V_2D 并向上画延长线，可得天花板与左侧墙壁的交界线。

④ 将 BD 线等分，并分别与 V_2 画线连接，可以表现出天花板的接缝线，使图中的倾斜天花板更具透视感。

⑤ 最后画上室内的家具、摆件以及窗外的景物。

13. 绘制圆形

用一点透视法来绘制圆形是非常困难的，我们不妨先从绘制一个正方形内切圆开始考虑。

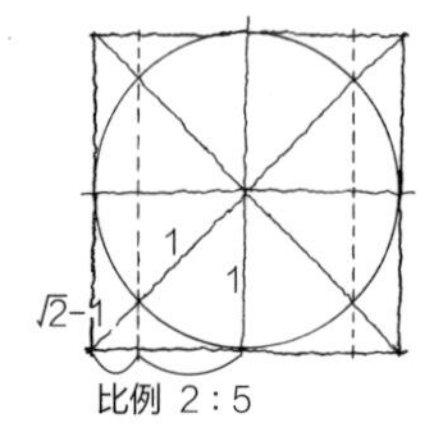

正方形内切圆

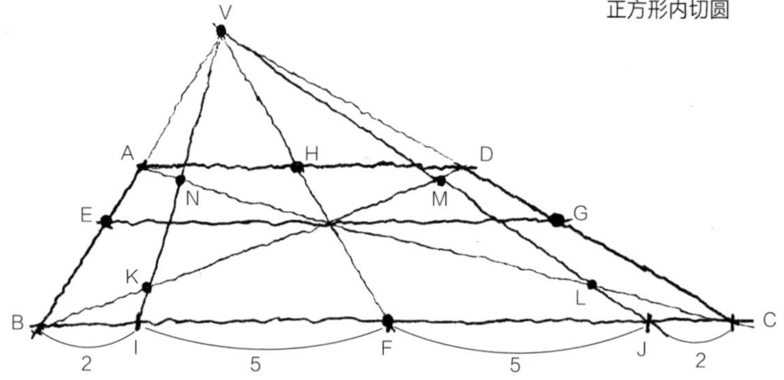

① 先用一点透视法画出正方形 ABCD 平面的透视图，连接对角线并得到四边中心点 E、F、G、H。根据 2：5 的比例（准确来说应为$\sqrt{2}$-1：1）分割 BF 与 FC，得到 I、J 点，将 I、J 两点与消失点连接，得到与对角线相交的 K、L、M、N 点。

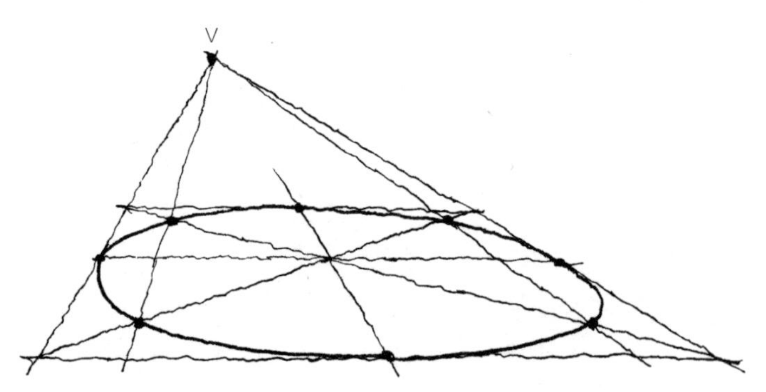

② 将前一步骤中取得的 8 个点用圆滑的曲线连接起来，便得到了正方形内切圆的透视图。

这里是重点!

用一点透视法绘制圆形的要点在于,边长一半的比例为 2:5。这一比例不管是在平面图中还是透视图中都是如此。

圆形的室内空间 1

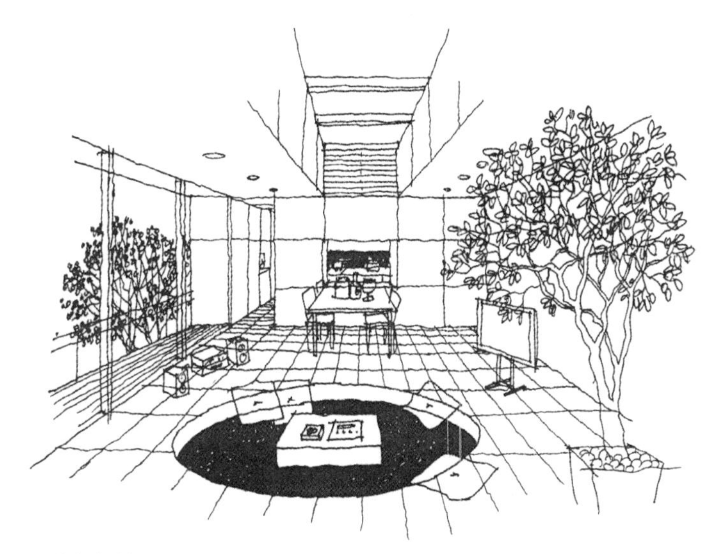

圆形的室内空间 2

14. 绘制圆桌

掌握了圆形的绘制方法后，我们来试着画圆桌的透视图吧。

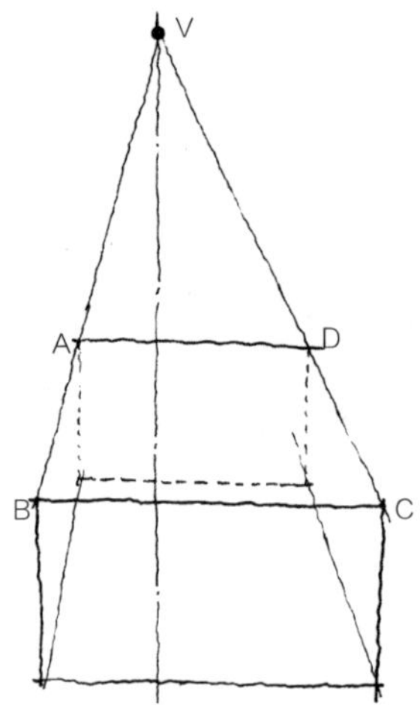

① 先用一点透视法画出正方形ABCD的透视图，并画出垂线变为立方体。在ABCD平面内画出的内切圆为桌面，立方体的高度为圆桌的高度。

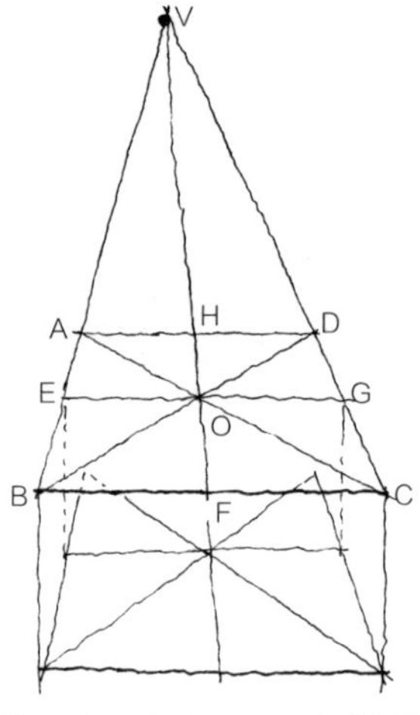

② 画出正方形ABCD的对角线，取交点O。过交点O画水平线，并连接O点与消失点V。得到E、F、G、H四点。

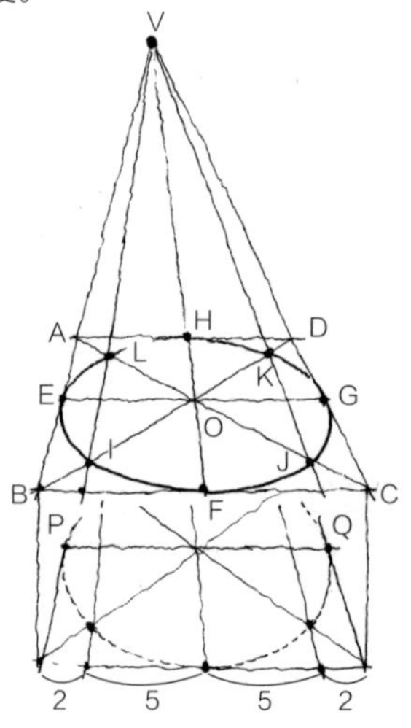

③ 根据2∶5的比例，分割BF与CF，并将分割点连接消失点V，得到与对角线的四个交点I、J、K、L。将E、I、F、J、G、K、H、L各点用圆滑的曲线连接，画出内切圆。

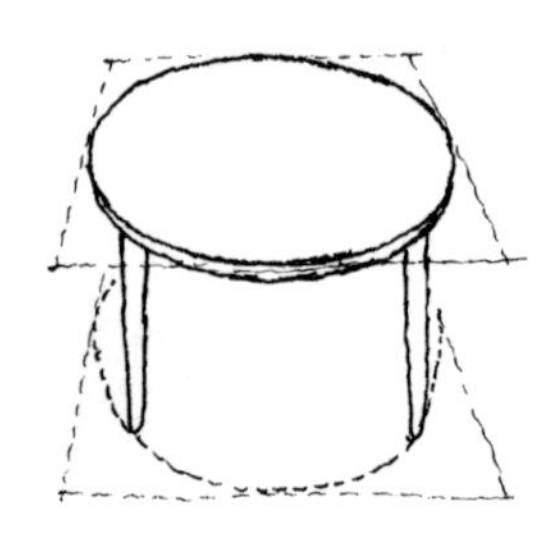

④ 最后画上桌脚和桌面厚度。

摆放有圆桌的厨房风貌

15. 绘制拱门

在画拱门的透视图时，一不小心就会画得歪歪斜斜。稍微了解一下画拱门时的技巧，就能很快地画出自然的拱门透视图。

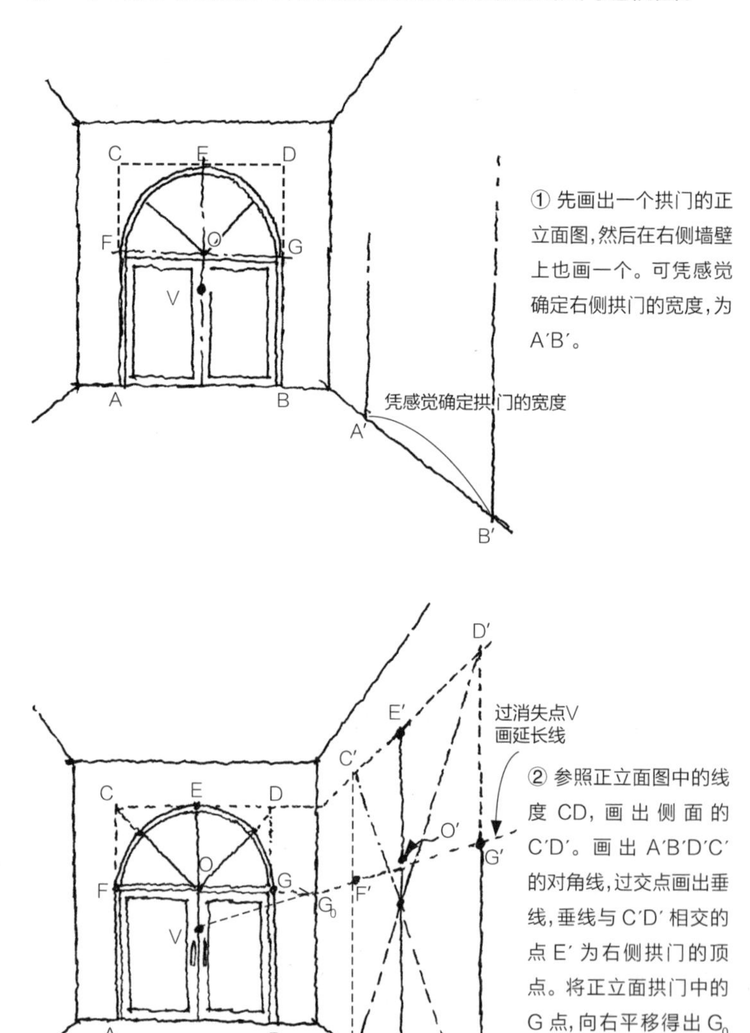

① 先画出一个拱门的正立面图，然后在右侧墙壁上也画一个。可凭感觉确定右侧拱门的宽度，为A′B′。

② 参照正立面图中的线度 CD，画出侧面的 C′D′。画出 A′B′D′C′ 的对角线，过交点画出垂线，垂线与 C′D′ 相交的点 E′ 为右侧拱门的顶点。将正立面拱门中的 G 点，向右平移得出 G_0 点，将 G_0 点与消失点画线连接，并向右画延长线，与 A′C′、B′D′ 相交得到 F′、G′ 点。

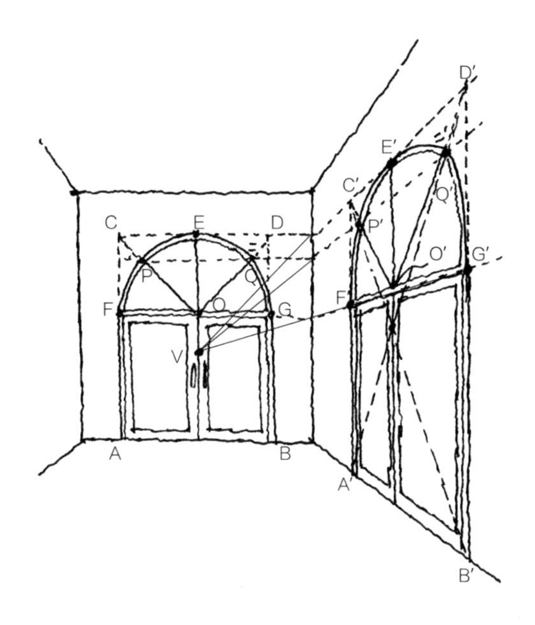

③ 将正立面门拱的半圆圆心 O 与 C、D 点相连，得到交点 P、Q。同时将右侧墙壁中的 O′ 点与 C′、D′ 点相连得到交点 P′、Q′。将点 F′、P′、E′、Q′、G′ 用圆滑的曲线连接。

拱门风景

16. 绘制玻璃的透明效果

玻璃是建筑物中窗户等开口部位必不可少的装饰材料。若在透视图中没有表现出玻璃的透明感，空间的通透感就会大打折扣。所以，玻璃的透明感是我们必须要表现出来的。

下图是玻璃有无透明感的差异比较，两者在画面的视觉感受以及画面的丰富度上都有很大差异。

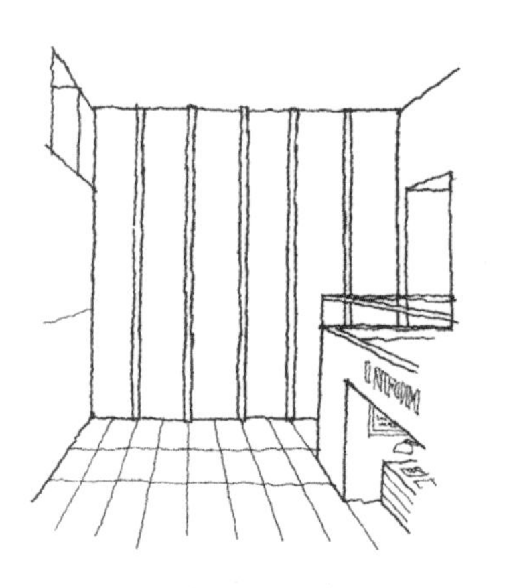

① 偌大面积的玻璃面不透明，会使空间封闭。所以，也将玻璃外的景物画出来吧。

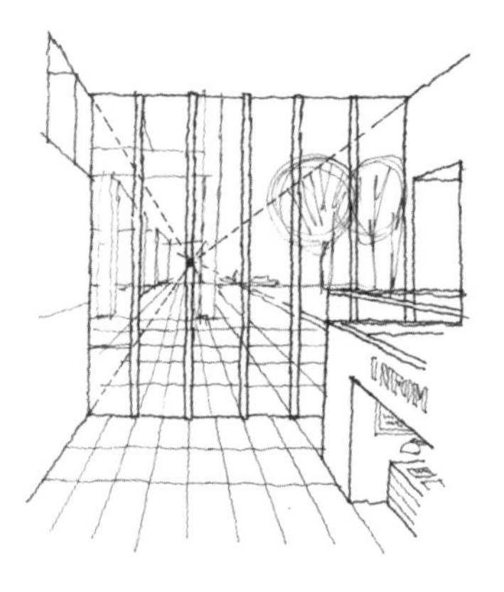

② 确定图中消失点的位置，并根据这一消失点，画出外部的建筑和景物轮廓。

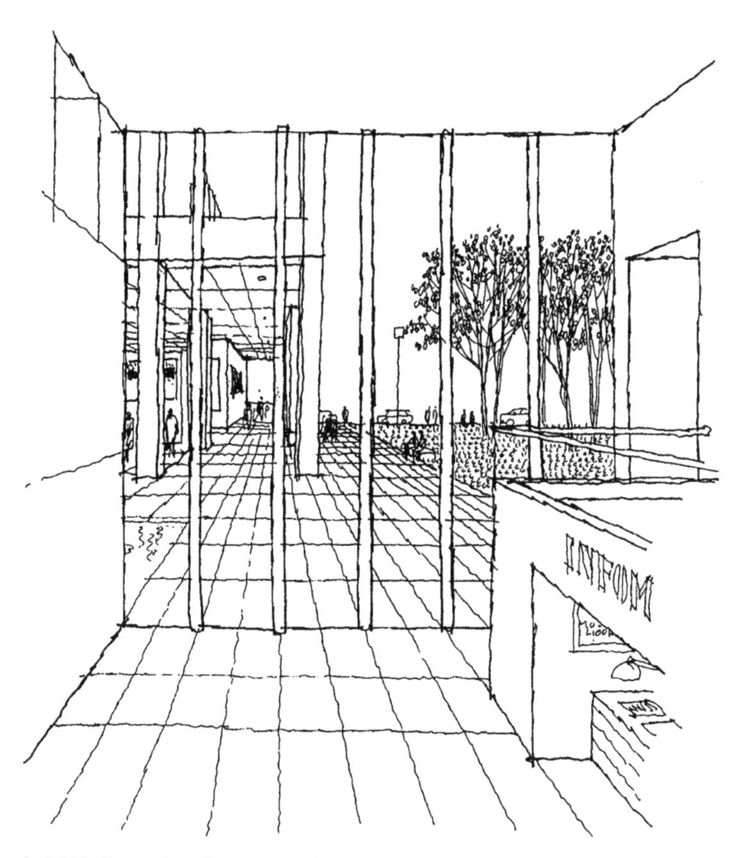

③ 完善细节，再点缀上绿植、人物或车辆便完成了。

17. 绘制楼梯(1)

楼梯的结构复杂,若从一个倾斜的角度来画透视图,会很困难。但在室内透视图中楼梯又扮演着不可或缺的角色,所以我们一定要掌握其绘制方法。

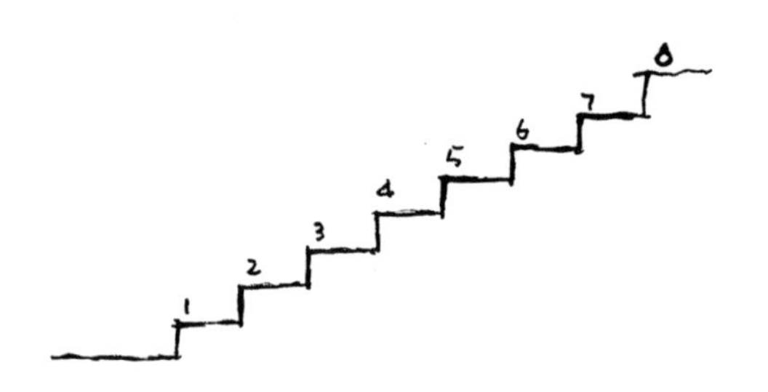

① 先画出楼梯的侧立面图。

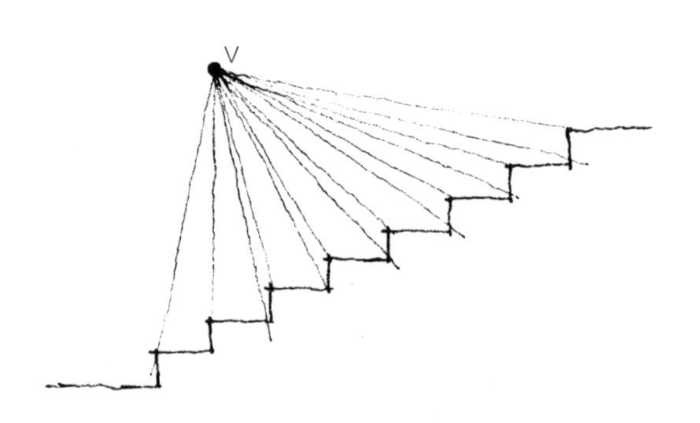

② 确定合适的消失点 V,并将楼梯各角点与消失点画线连接。

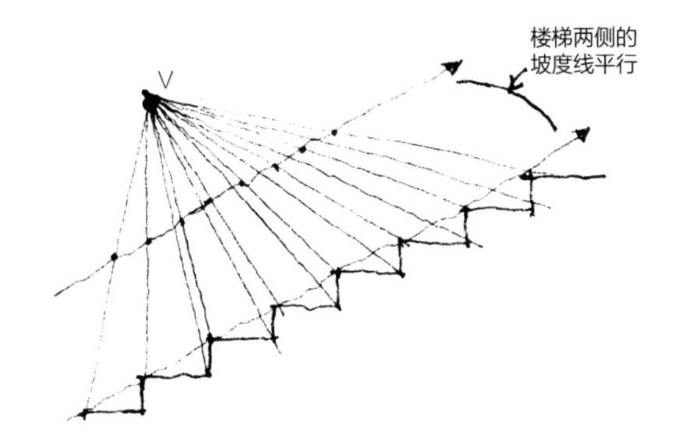

③ 楼梯的宽度可凭感觉确定，然后画出与右侧坡度相同的平行线。

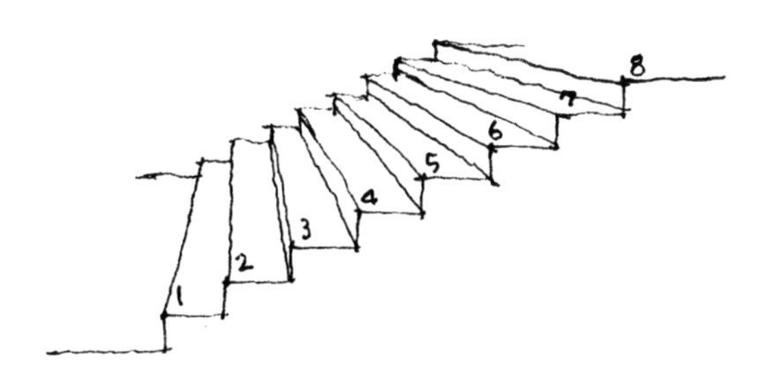

④ 最后画出踏步板面和各台阶的细节。

这里是要点!
楼梯虽然看起来结构复杂，但其各台阶的水平面和垂直面的趋势都是朝向消失点的。只要理解了其透视原理，绘制时就不会感到困难了。

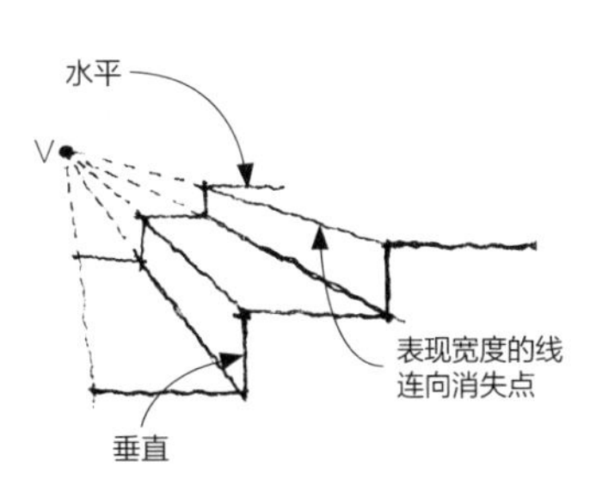

楼梯局部透视图

18. 绘制楼梯(2)

本节我们用两点透视的画法来绘制从正面看到的单跑楼梯的透视图。其实仅靠正立面图我们就可以想象，它是由一摞扁平的长方体堆叠而成的。

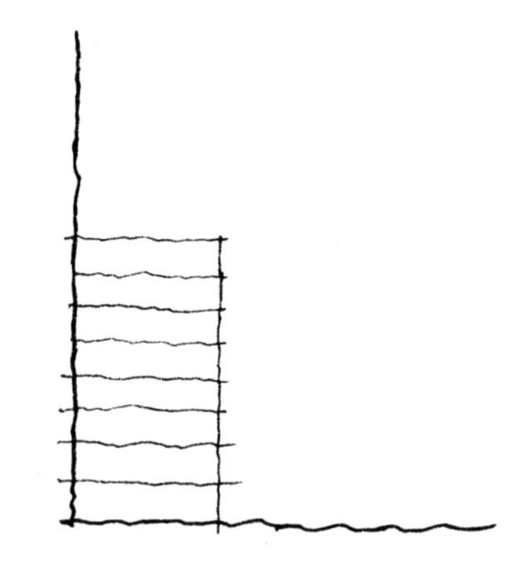

① 首先画出楼梯的正立面图。

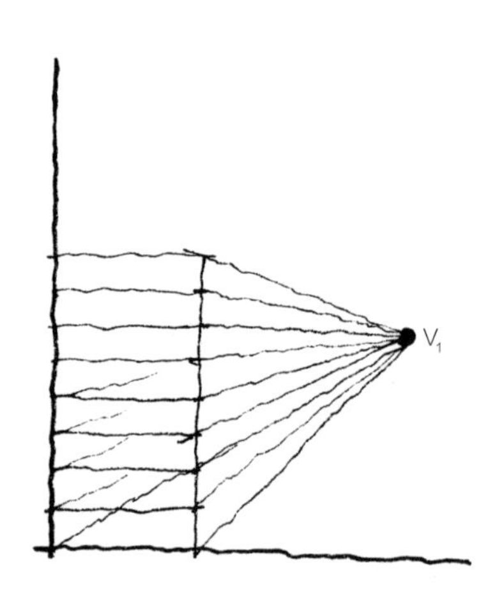

② 将消失点确定在适当的位置。

③ 确定适当的楼梯深度和坡度。台阶倾斜度的延长线与过消失点 V_1 的垂线相交，得到楼梯坡面的消失点 V_2。接着画出各台阶踏步板面（参照本页**“这里是要点！”**）。表示台阶高度的线都是垂直的，表示踏步板宽度的线都连向消失点 V_1。

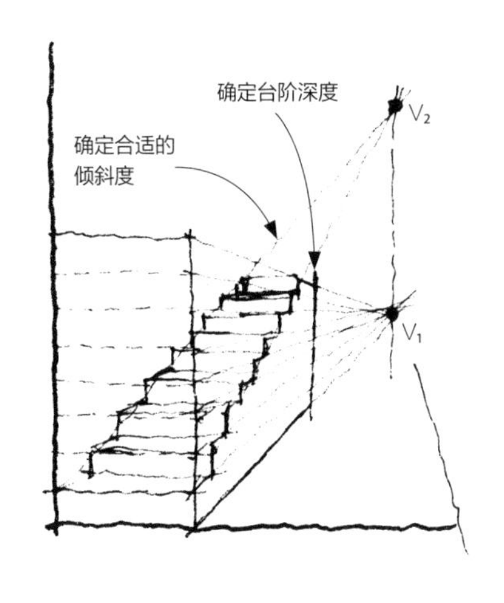

④ 画出扶手和楼梯间的细节就完成了。

这里是要点！
从楼梯正面绘制时，会出现上下两个消失点，必须确定各方向上的延长线都准确地交于消失点。

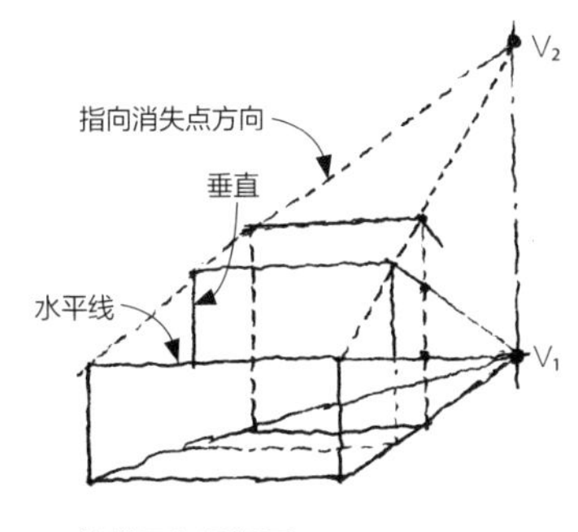

楼梯局部透视图

19. 绘制楼梯（3）

接下来我们试着先确定楼梯位置大小，再用两点透视的画法来绘制吧。或许有些复杂，大家可以先仔细观察完成，再按顺序学习绘制的方法。

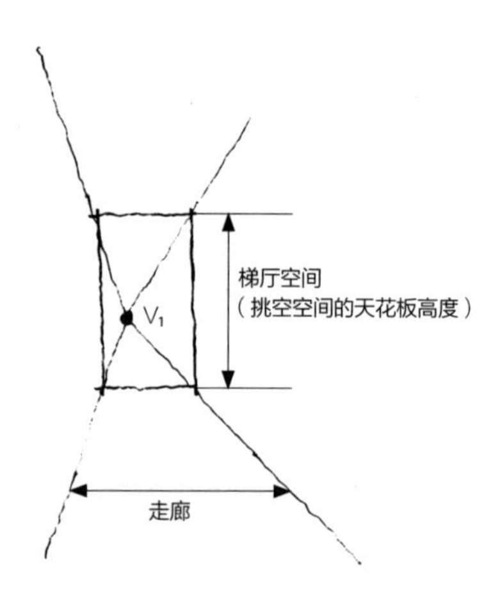

① 先确定梯厅空间的高度，取任意消失点 V_1。

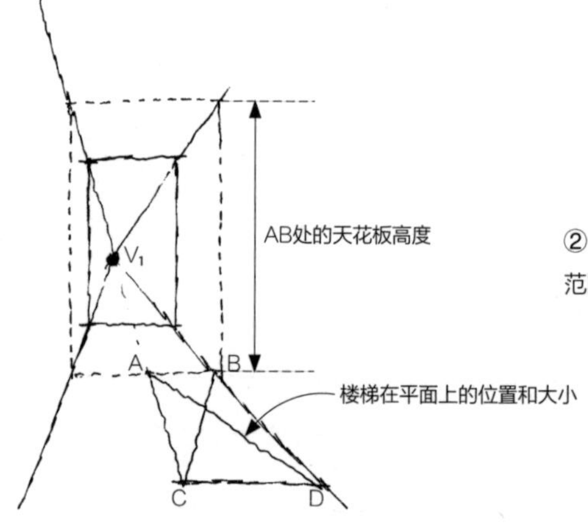

② 在地板上画出楼梯的面积范围 ABCD。

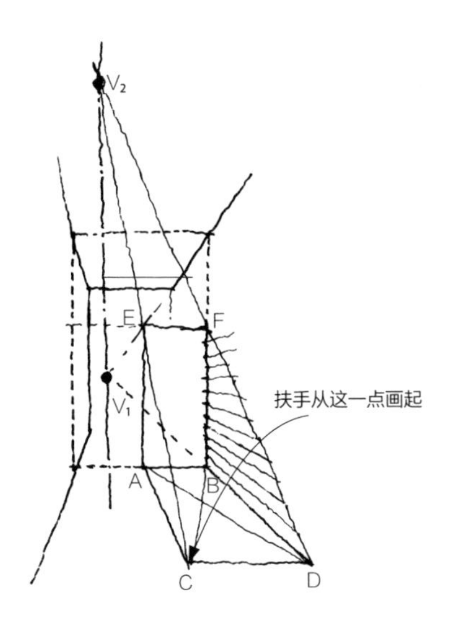

③ 在楼梯空间高度线的中间取 EF 线为楼梯的最终高度（至二层地板线）。将楼梯的总高度线 BF 等分为各梯级，各点与消失点 V_1 连接。DF 的延长线与过消失点 V_1 的垂线交于消失点 V_2。

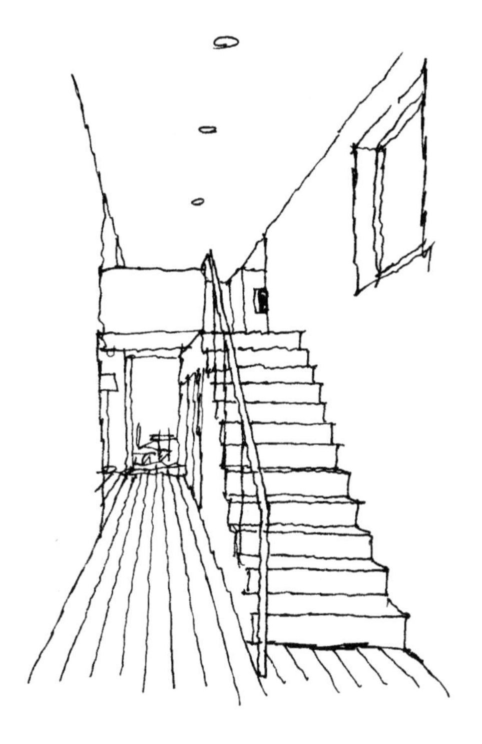

④ 最后画上台阶踏步板和扶手便完成了。扶手的倾向线应延伸至消失点 V_2。

20. 绘制折形单跑楼梯

折形单跑楼梯是在楼梯中段的台阶处转弯折出一个直角的楼梯。从正面看的构图与从侧面看的构图可在同一张透视图中表现出来。

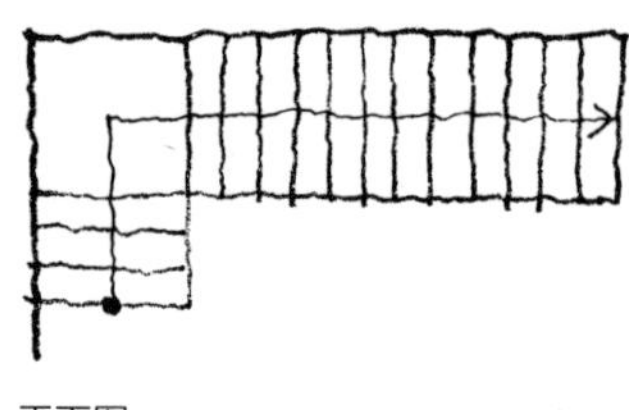

平面图

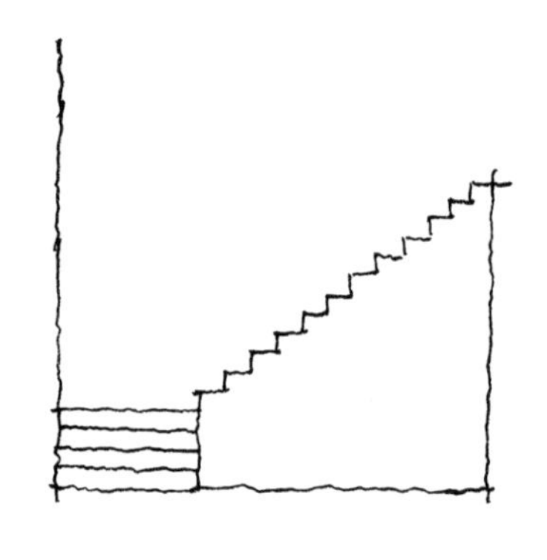

① 先画出楼梯间的立面图。

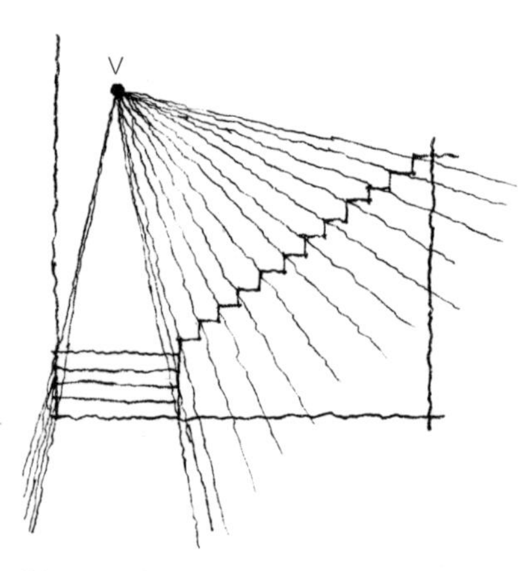

② 任取一点为消失点，并将楼梯台阶上各角点与消失点画线连接。

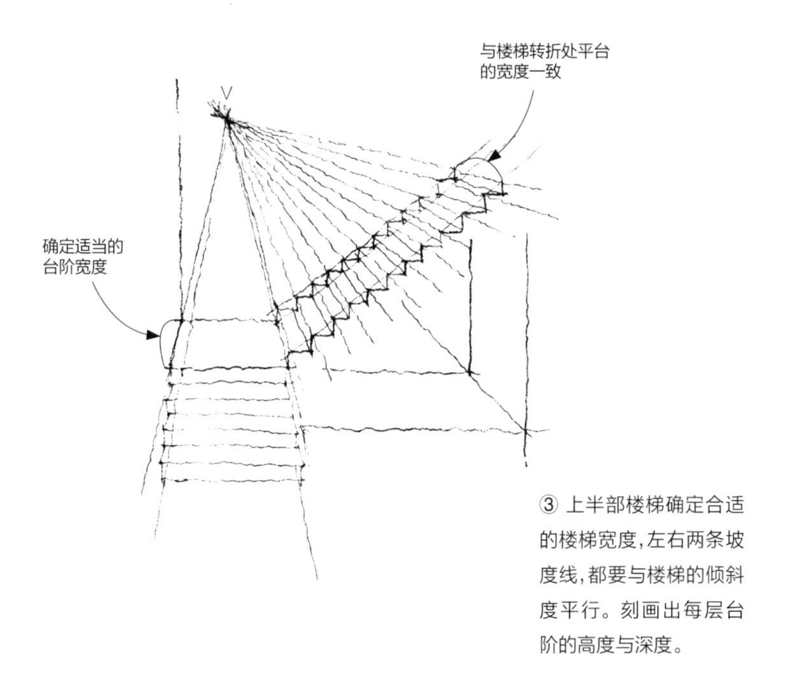

③ 上半部楼梯确定合适的楼梯宽度，左右两条坡度线，都要与楼梯的倾斜度平行。刻画出每层台阶的高度与深度。

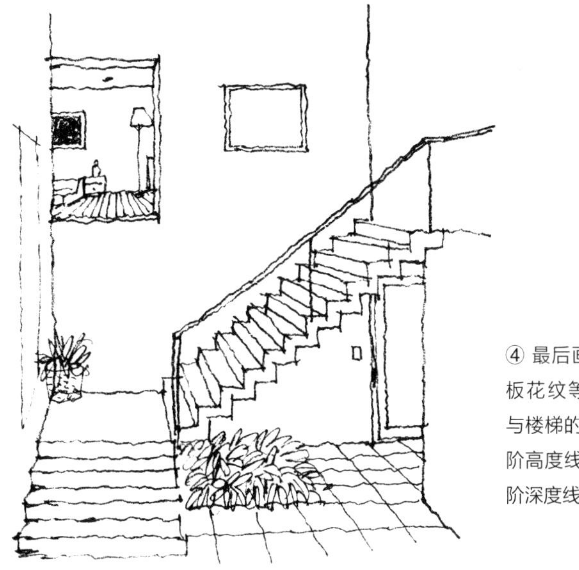

④ 最后画出扶手以及地板花纹等装饰。扶手要与楼梯的坡度线平行，台阶高度线保持垂直，各台阶深度线保持水平。

21. 用左右两点透视法画室内空间的透视图

接下来使用与上一节相同的平面图试着绘制左右两点透视的室内透视图。

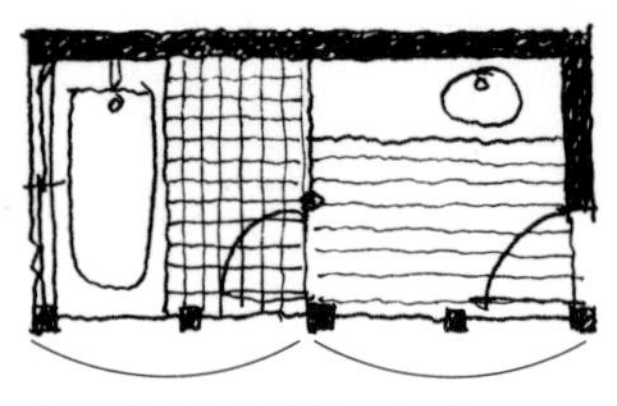

间隔相等（两个并列的正方形）

平面图（与上一节相同的平面图，只是绘制方向不同）

立面图

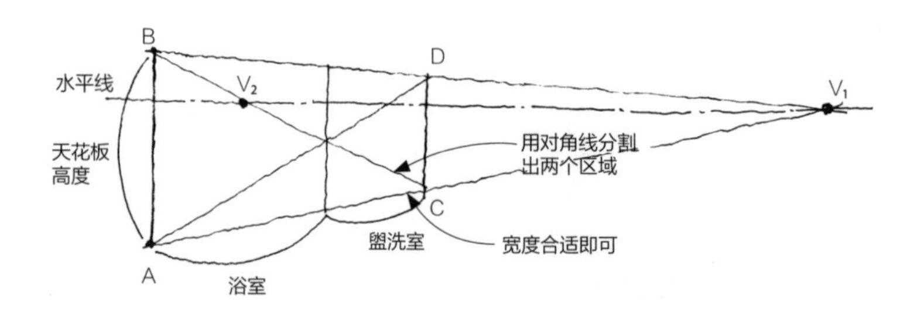

① 首先，画法 AB 线代表天花板高度，再画一条垂直于 AB 的水平线，在线上任取两点为消失点 V_1、V_2，且消失点 V_2 必须位于室内平面图内。凭感觉确定空间宽度，画出线 CD。

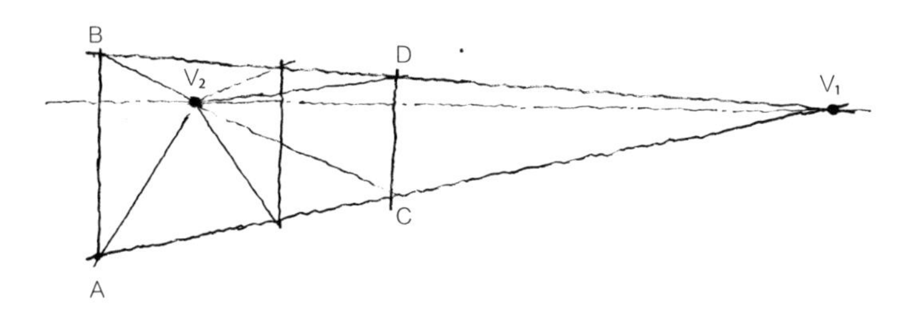

② 将表示空间深度的消失点 V_2 与 A、B、C、D 四点画线连接。

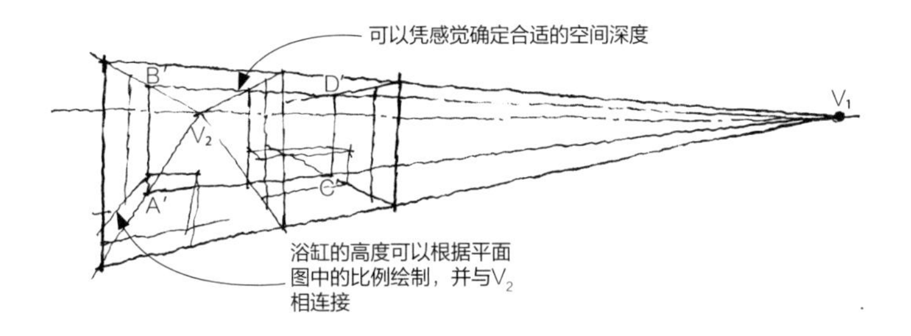

③ 凭感觉确定合适的空间深度，取得点 A′、B′、C′、D′，并将四点画线连接。参考立面图中浴缸与盥洗台的高度，在透视图中自然地表现出来。

④ 画出瓷砖、门窗、墙壁花纹和镜子等元素便完成了。

22. 用上下两点透视法画室内空间的透视图

上下两点透视图能表现出俯视视角的构图，在绘制时需要将两个消失点的连线放在想要表现的墙壁的相反方向。因为若构图偏右，则左侧的墙壁会被强调出来，相反则强调右侧墙壁。下方的消失点 V_2 必须位于平面图中，而上方的消失点 V_1 位置越高，俯视的感觉就越强烈。

① 首先画出室内空间的平面图。

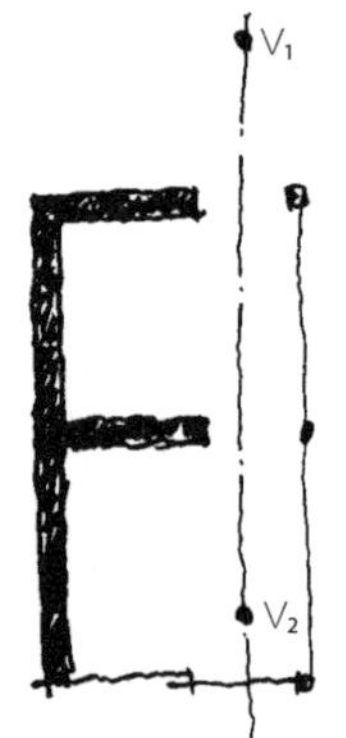

② 只保留墙体的轮廓线，清除其他部分。画一条垂直于平面图的直线，在线上取两个消失点。上方的消失点 V_1 表示透视图中空间的深度，下方的消失点 V_2 表示透视图中空间的高度。V_2 必须位于平面图中。

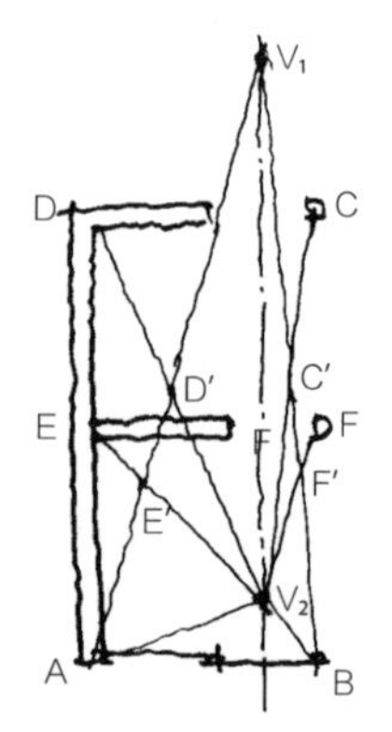

③ V_1 与 A、B 点的连线和 V_2 与 C、D、E、F 点的连线相交取得点 C′、D′、E′、F′，分别是 C、D、E、F 在透视图中投射的点。

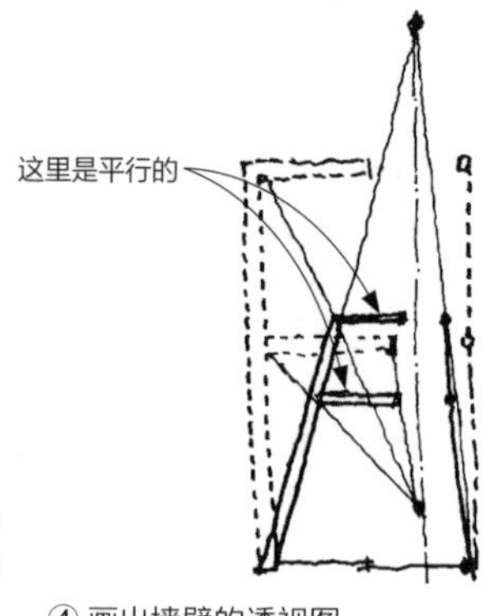

④ 画出墙壁的透视图。

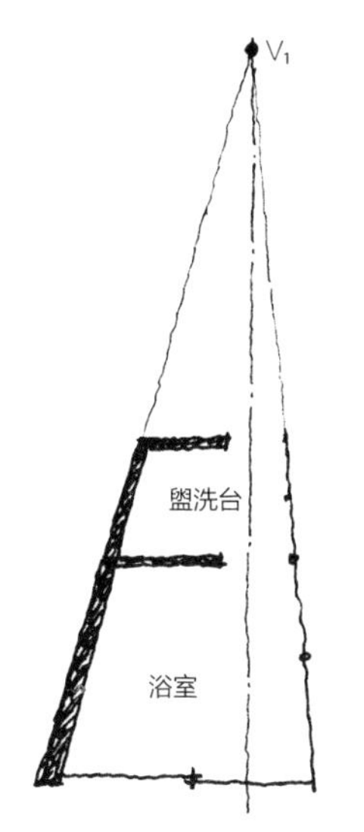

⑤ 将步骤④画出的图整理后得到上图（放大 150%）。绘制熟练后，这一步骤之前的过程都可凭感觉正确地画出。

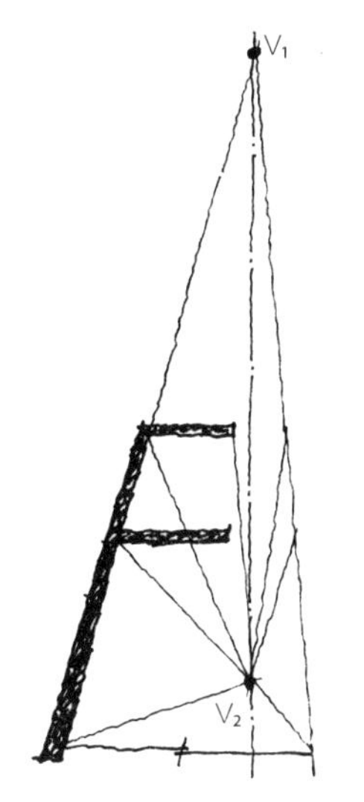

⑥ 将用于确定空间高度的消失点 V_2 与平面上各点画线连接。

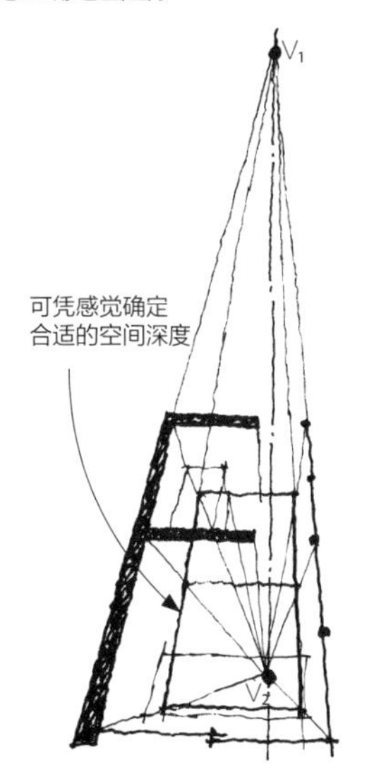

⑦ 凭感觉确定室内空间合适的深度，并将地板的四角与消失点 V_1 连接。

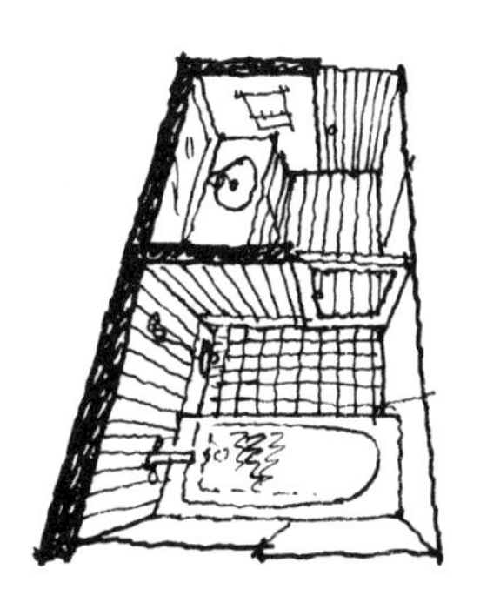

⑧ 画出浴缸、盥洗台、地板和墙壁花纹就完成了。

第四章

绘制建筑与街道

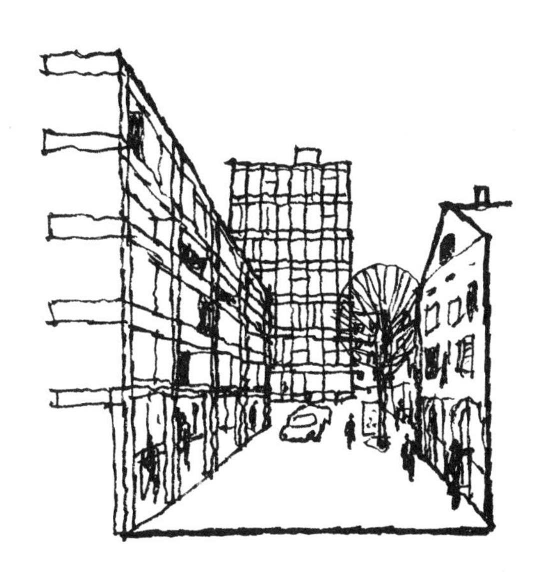

1. 通过立面图画出透视图(1)

在通过立面图绘制透视图时，要点在于将消失点放在想要强调空间深度的位置上。以下图为例，可以看出图中的消失点位于能强调右侧走廊的位置上。

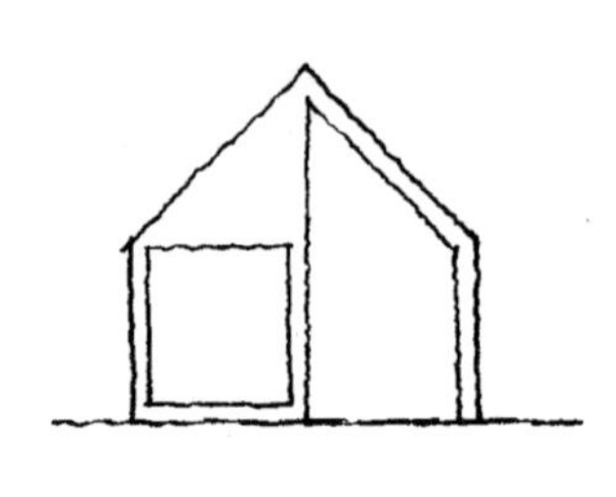

① 首先画出建筑的立面图。

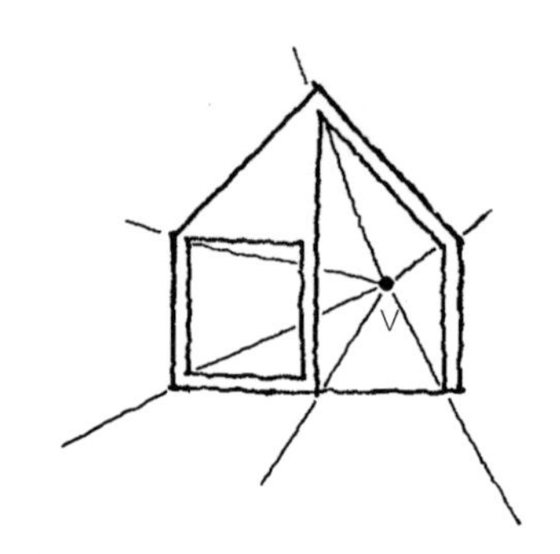

② 取一个消失点 V，并与各点相连。

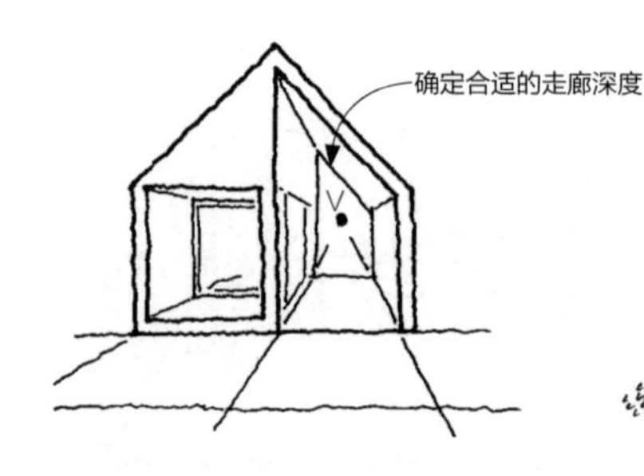

③ 在图中确定建筑右侧走廊的深度。所有线条都与外侧立面的轮廓线平行。

④ 最后画出门、墙壁、过道、庭院以及室内空间。

2. 通过立面图画出透视图(2)

在绘制时若将消失点取在立面图内，则无法表现出建筑的侧面。想要表现建筑后侧面，应将消失点取在立面图外侧。

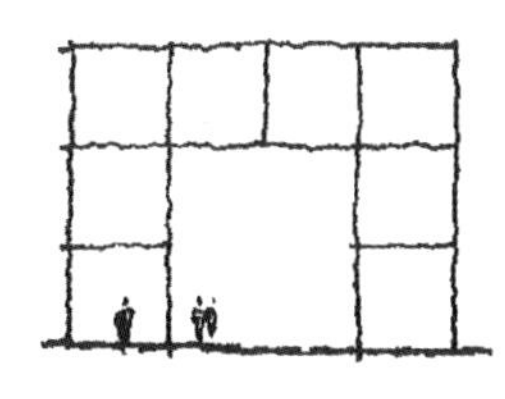

① 首先画出建筑的立面图。

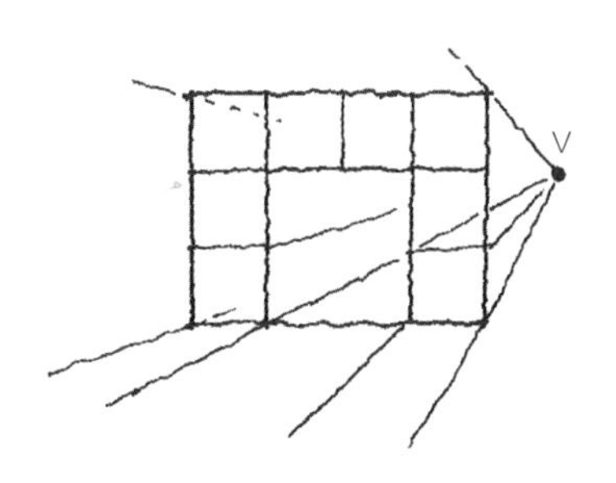

② 将消失点画在建筑物右侧，并画线与立面图中各点相连。

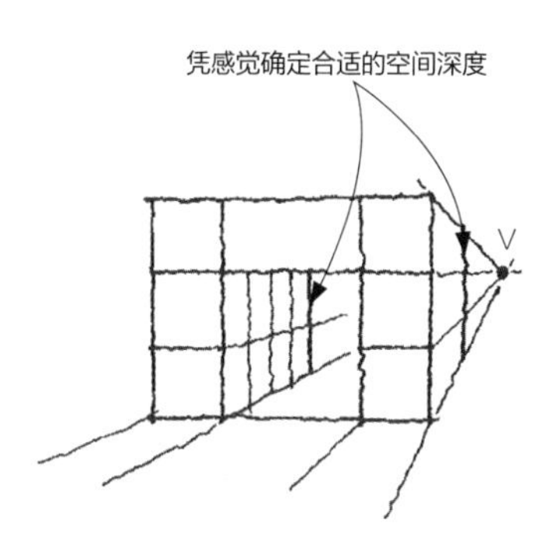

③ 凭感觉确定建筑空间的透视深度。

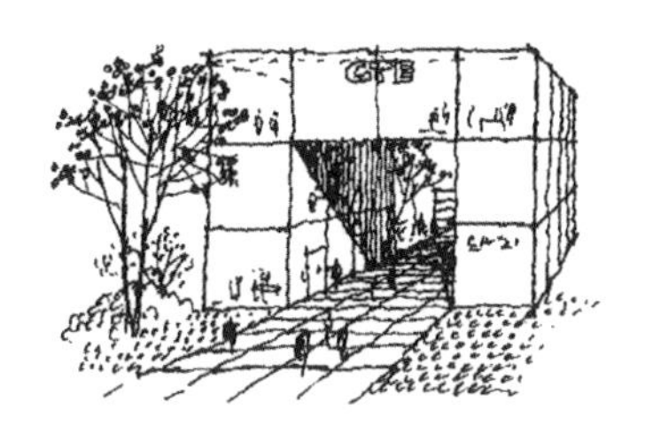

④ 画出建筑物正面的细节，并细化周围的环境。

3. 强调远近感

透视图是将空间内物体的立体感呈现在二维平面上。现实空间是三维的，因此能否表现出空间的深度是十分重要的。让我们来对比一下下面两幅图，下图将空间深度较好地展现了出来。

下例上图中的两棵树大小一致，而下图中，**右侧的树木较大，将消失点放在两个建筑物之间，同时还画出了玻璃幕墙内侧的景物，整体的空间深度被强调了出来。**

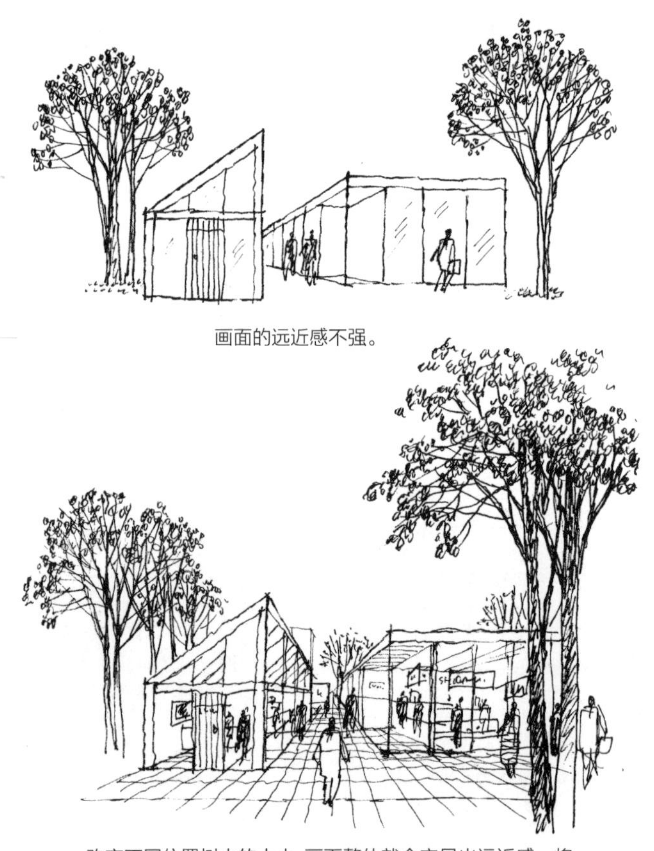

画面的远近感不强。

改变不同位置树木的大小，画面整体就会突显出远近感。将消失点放在两个建筑物之间，强调了空间的深度。

下方的两幅图绘制了同样的一片树林，上图用相同深度的色调来表现，下图用不同深度的色调加以区分，**浅色调的树木看起来比较远，深色调的树木看起来比较近。**这种利用视觉错觉将空间远近感表现出来的方法叫作“空间远近法”。

用同一深度色调画出，无法表现远近感。

改变树木的深浅度，画出空间的远近感。

4. 绘制坡屋顶

来试着绘制下图中带有坡屋顶的住宅吧。

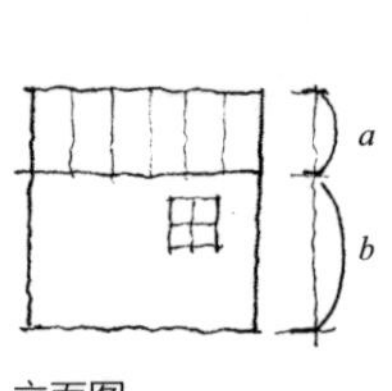

立面图

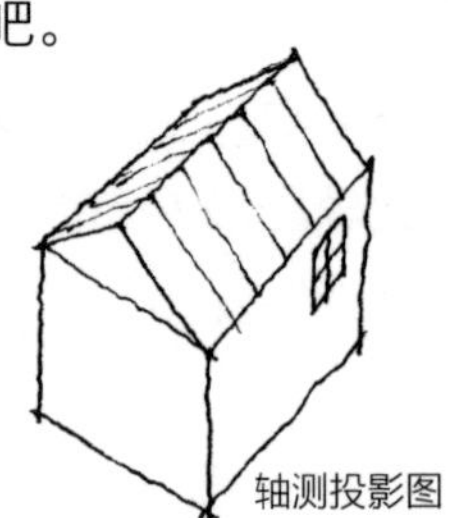
轴测投影图

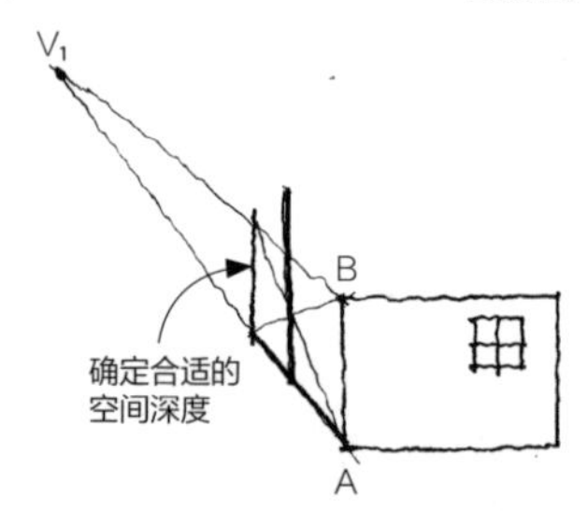

① 先从住宅的侧面画起，确定合适的消失点以及空间的深度。在画出的侧立面上连接对角线，并通过交点画垂直线。

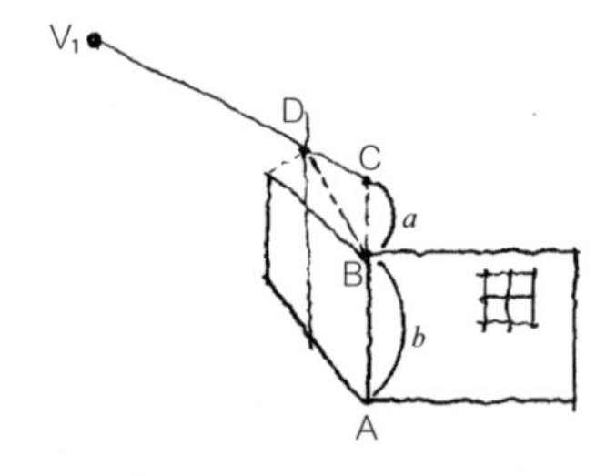

② 参考立面图中 $b:a$ 的比例，得到点 C。连接 C 与 V_1，与步骤①中的垂直线交于点 D，为坡屋顶的屋脊顶点。

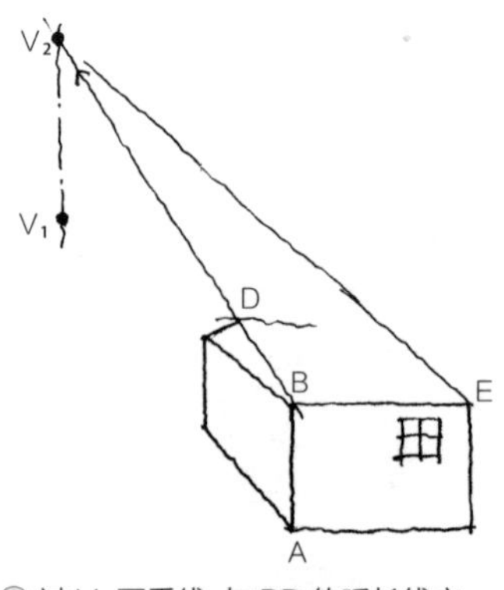

③ 过 V_1 画垂线，与 BD 的延长线交于屋顶透视的消失点 V_2。连接 V_2 与 E，得到屋顶面。

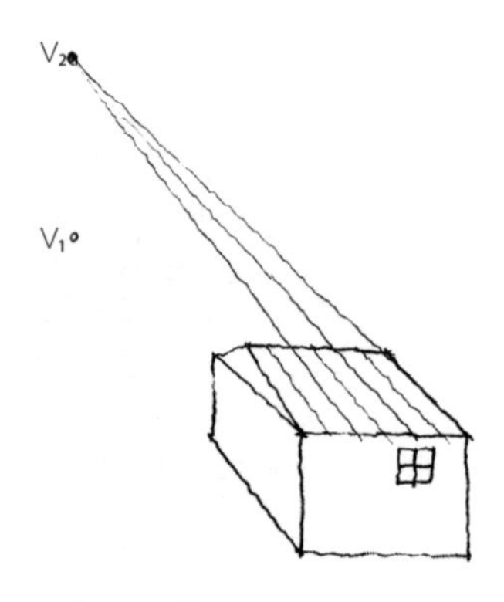

④ 从 V_2 画线连接屋顶，画出合适的瓦片排列线。

这里是重点!

用一点透视法绘制坡屋顶时，山墙面与纵墙面透视图的绘制方法是不同的。若以山墙面为正立面时,其侧立面屋顶的倾斜方向一致。若以纵墙面为正立面时(如前页图例),屋顶部分会有单独的消失点。右上图为错误的范例,右下图为正确的范例。

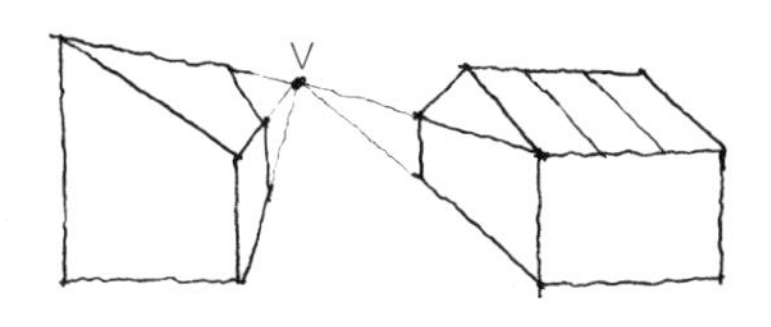

图一　左侧屋顶两侧的倾斜线不平行,右侧屋顶两侧的线平行,都是错误的!

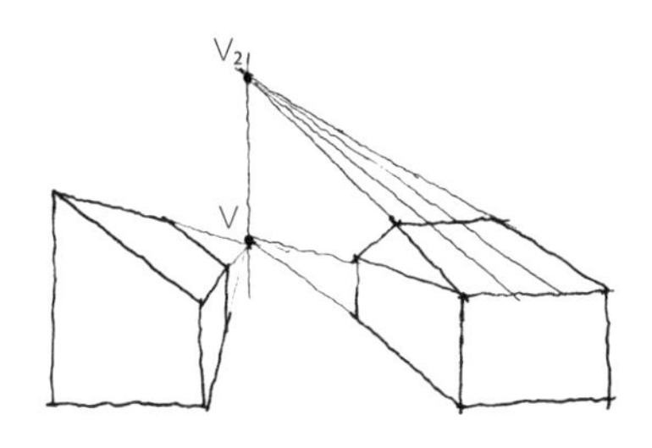

修改后的图,左侧由山墙面一侧的立面画出的透视图中,屋顶两侧的倾斜线平行了。右侧通过纵墙面一侧的立面画出的透视图中,屋顶有单独的透视消失点。

可以看见坡屋顶风貌的透视图。

5. 绘制三棱柱形大楼

在绘制三棱柱的透视图时，从画三角形的平面画起会感觉有些困难。如下例所示，我们不妨先在方格形平面内画出一个三角形，然后再开始绘制其透视图。

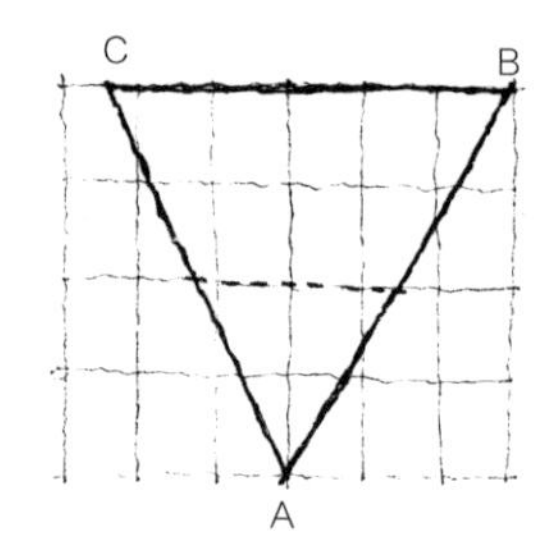

三棱柱形大楼的平面图

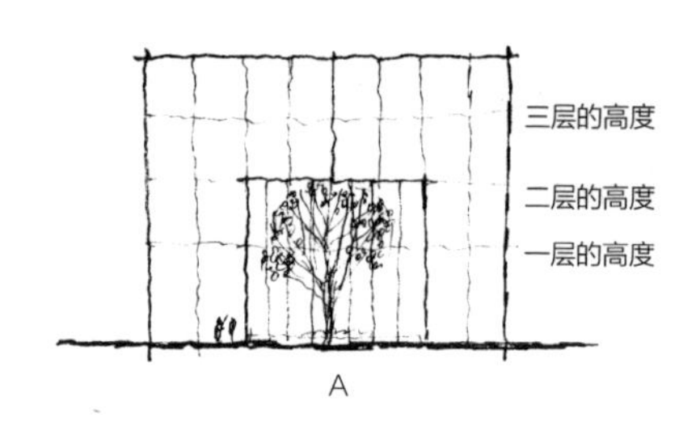

三棱柱形大楼的立面图

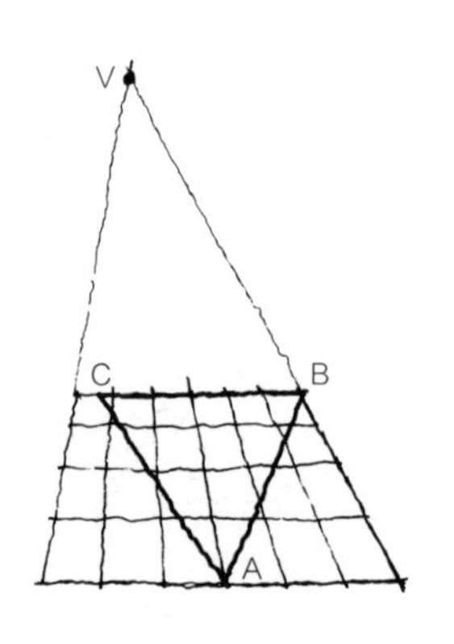

① 任取一个消失点，画出上图中方形格平面图的透视图，并根据上图标出三角形的顶点 A、B、C。

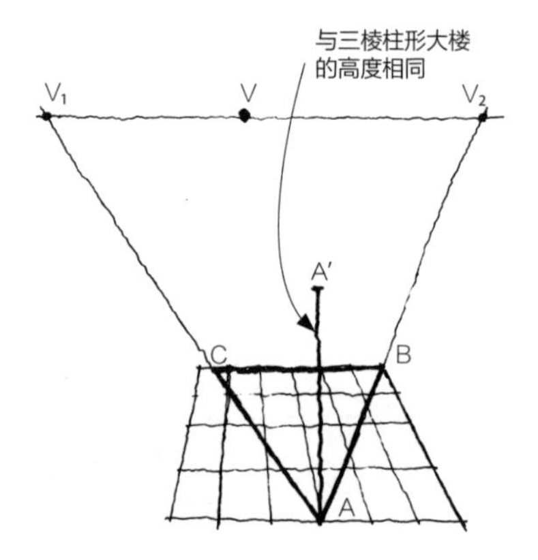

② 过消失点 V，画 BC 的平行线。将三角形 AC、AB 边延长，交于过 V 点的平行线得 V_1、V_2 两点。过 A 点画垂线，并取线上一点 A′，确定大楼高度。

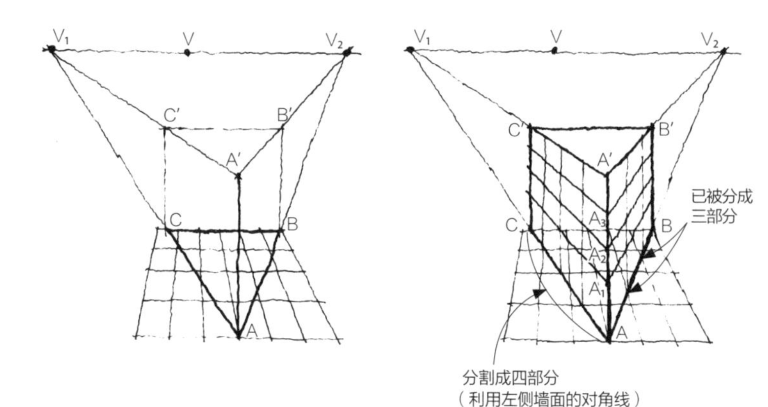

③ 连接 A′V_1、A′V_2，过 B、C 两点画垂线与 A′V_1、A′V_2 相交得到交点 B′、C′，连接 B′、C′，就得到了三棱柱大楼的整体轮廓。

④ 根据立面图中的比例，在 AA′ 上取得 A_1、A_2、A_3 三点并分别与点 V_1、V_2 画线连接。将左侧外墙分割成四部分，右侧分割为三部分。画线后，外墙部分便完成了。

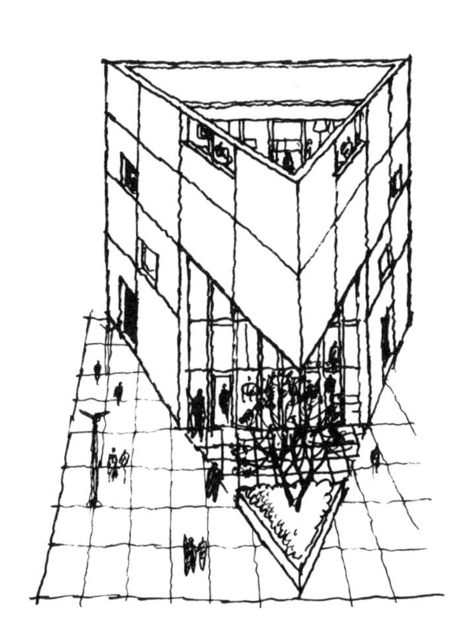

⑤ 最后画上路面、人物、树木等元素就绘制完成了。

6. 绘制圆柱形建筑

在绘制圆筒时，我们可以将其想象成由多个圆心位于相同位置、大小相同的圆形上下排列而成。以右页中圆柱形公共厕所的一点透视图为例，来学习圆柱体的透视图画法吧。

圆柱形的公共厕所由底面、屋顶面、柱身墙面以及屋顶上方的两层圆形装饰面构成。因为各层高度不同，所以看到的圆也各不相同。我们可以将其画为正方形的内切圆，正方形的中心与圆心 O、O_1、O_2、O_3 位于同一条垂线上，且消失点同为点 V。当消失点位于下方时，呈现出仰视的构图，消失点位于上方时，呈现出俯视的构图。

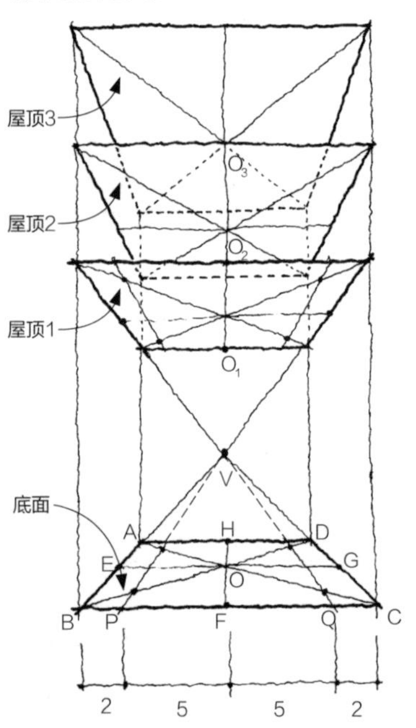

① 从底面中的内切圆开始画起，画出底面正方形的对角线，并将四边等分得到 E、F、G、H 四点。如图将 BF 与 CF 按照 2：5 的比例分割，得到 P、Q 两点。

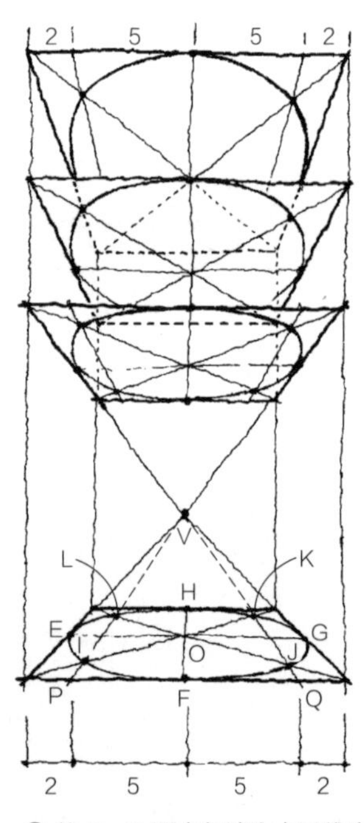

② 将 P、Q 两点与消失点画线连接，与对角线相交得到 I、J、K、L 四点。最后用平滑的曲线连接 E、I、F、J、G、K、H、L，便画出了底面的圆。以此类推画出各个屋顶的圆形。

③ 最后将上下圆相连，画出柱身墙壁以及细部便完成了。

7. 绘制倒映在池水中的建筑

建筑物周围不仅有车辆、人物、树木等景物，有水池时还会出现建筑物倒映于池中的风景。这时我们应该如何绘制这类景物的透视图呢？其实原则上来说，要点只有两条。

倒映于池水中的景物以池面与地面的交汇线为对称轴，与景物实体是轴对称的关系。如下例，将水面高度与地平线 GL 设置在同一高度上。倒影与景物实体的宽度、高度对称，但表现空间深度的消失点为同一个。

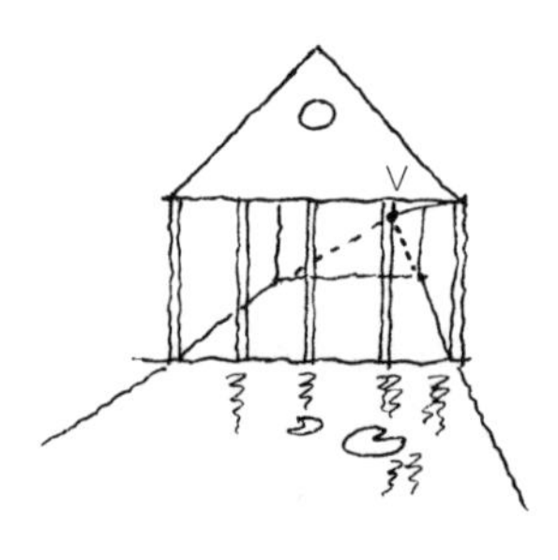

① 首先确定消失点 V 的位置，然后画出水池轮廓和室内的空间结构。

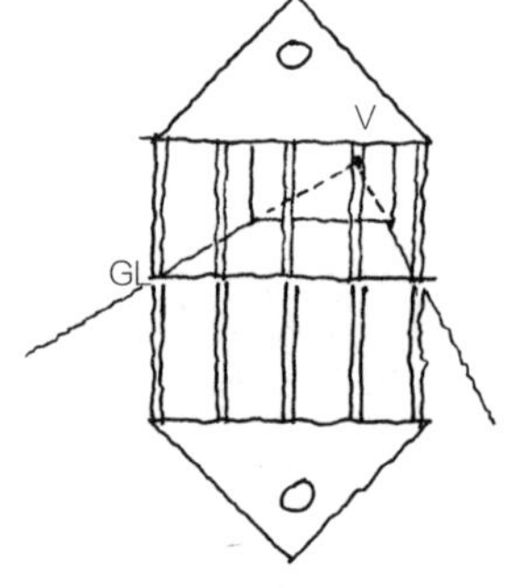

② 以 GL 线为对称轴，画出水中的倒影。

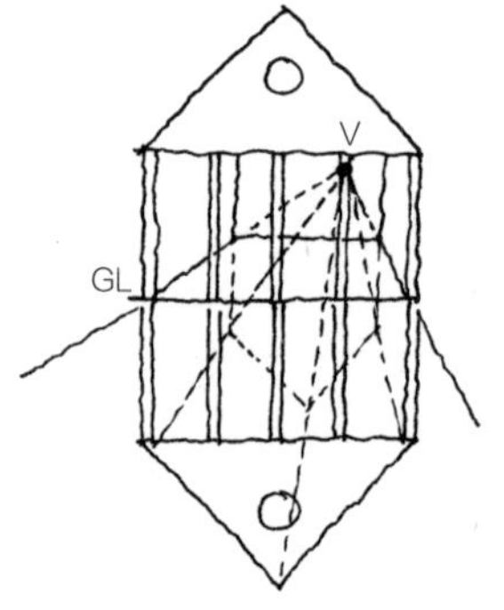

③ 将倒影的立面图中各点与消失点相连。

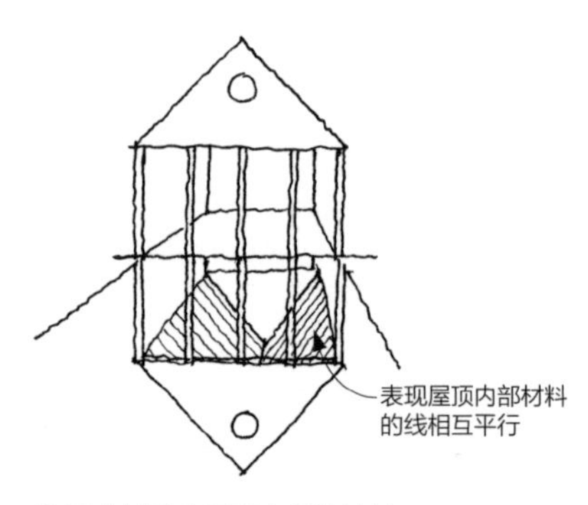

④ 画出倒影中屋顶内部的材料。

⑤ 最后画出周围的景物，清除被遮挡部分的倒影。

8. 绘制映射在镜面中的建筑

在我们的日常生活中，能看到不少外墙上铺设有半面玻璃幕墙或整面玻璃幕墙的建筑。在绘制玻璃幕墙的透视图时，为表现出空间感和真实感，画出映射在幕墙上的景物是很重要的一点。映射在幕墙上的景物是以幕墙为轴左右对称的。**映射在幕墙上的景物的消失点，与实际景物的消失点是同一点。**

玻璃幕墙在正面的透视图

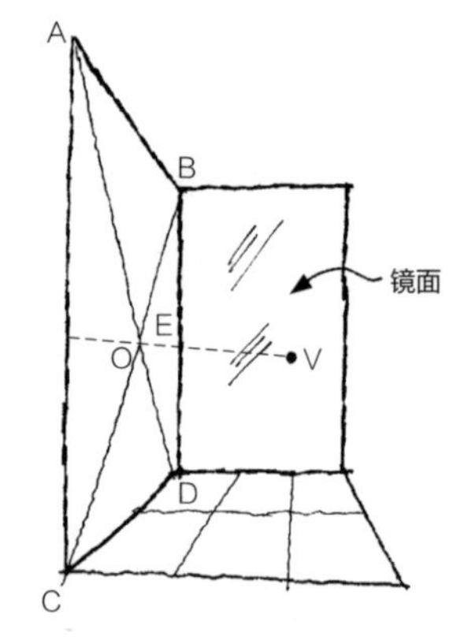

① 左侧墙面向消失点方向映射。将四边形 ABDC 对角线的交点 O 与消失点 V 画线连接。连线与 BD 相交得到 E 点。

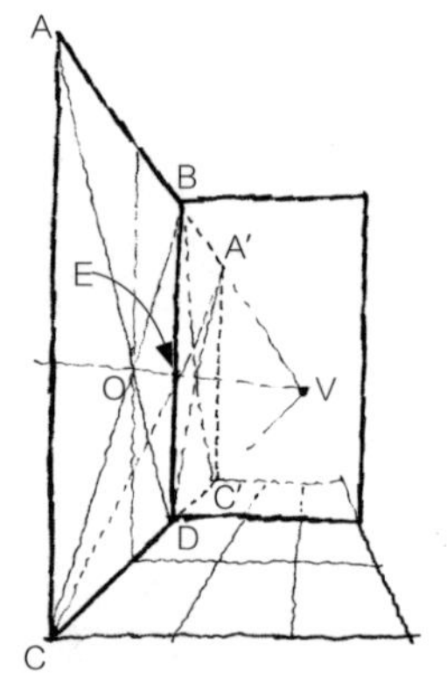

② CE 延长线与 AB 延长线的交点 A′，为 A 点在镜面中的映射点。过 A′ 画垂线与 CD 的延长线交于 C′。为 C 点在镜中的映射点。面 ABDC 与面 BA′C′D 各自对角线的交点，处于同一水平线上。

玻璃幕墙在侧面的透视图

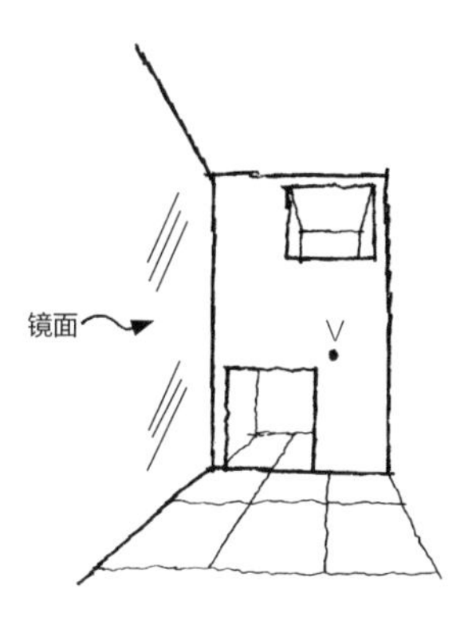

① 选择合适的消失点 V 的位置。

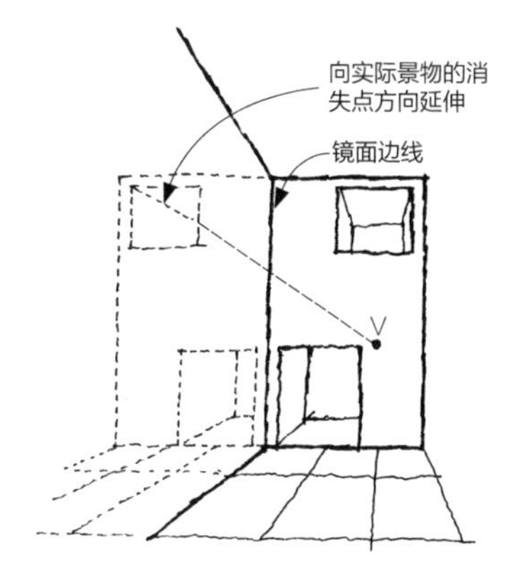

② 像是幕墙被夹在中间，根据实际的建筑外形画出映射在镜面中的另一半建筑的外形、窗户和门。此时映射景物与实际景物的消失点是相同的。

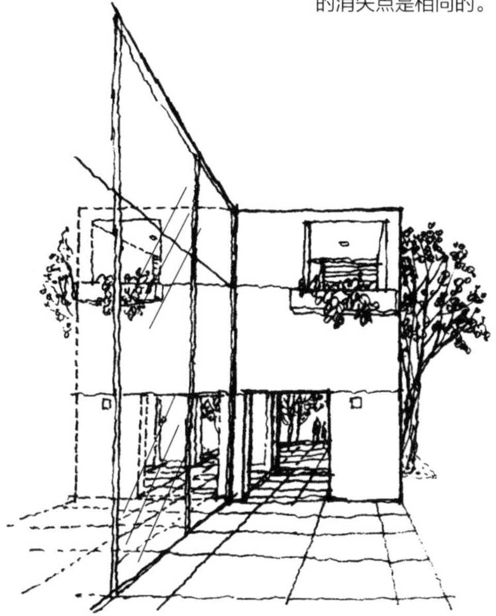

映射在半面玻璃幕墙上的建筑。

9. 绘制倾斜布局的建筑

如下方透视图 1 和平面图 1 所示，将多个相互平行或互呈直角排列的建筑物，用一点透视法来绘制，即使画面结构复杂，也依然只有一个消失点。

而在透视图 2 和平面图 2 中，**各个建筑物的布局方向不同，在透视图中各自的消失点也会不同，但其消失点都会处于一个水平线上。**

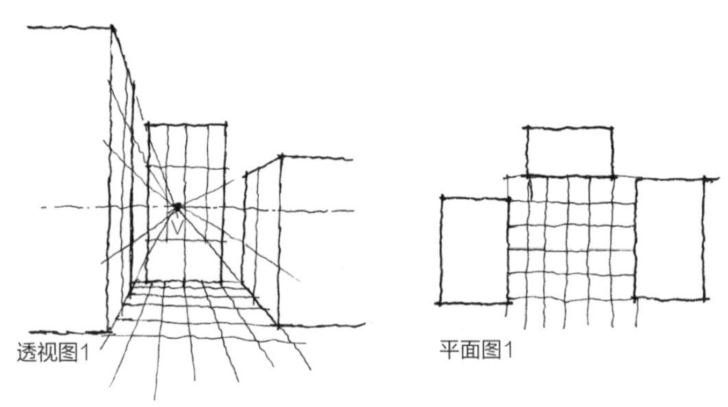

各建筑间呈现平行或垂直的布局，即使有多座建筑，消失点也只有一个。

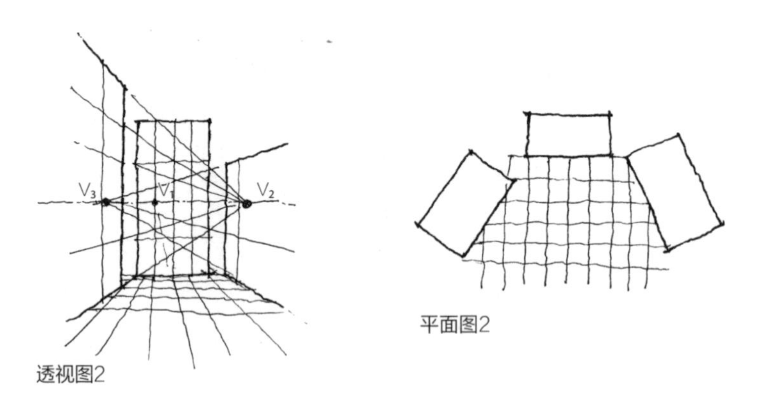

各建筑间角度各异的布局，每个建筑的消失点都不同，但都处于同一个水平线上。

下图中，三座建筑物的消失点在同一水平线上。采用这一画法绘制的透视图能表现出更加自然的街景。

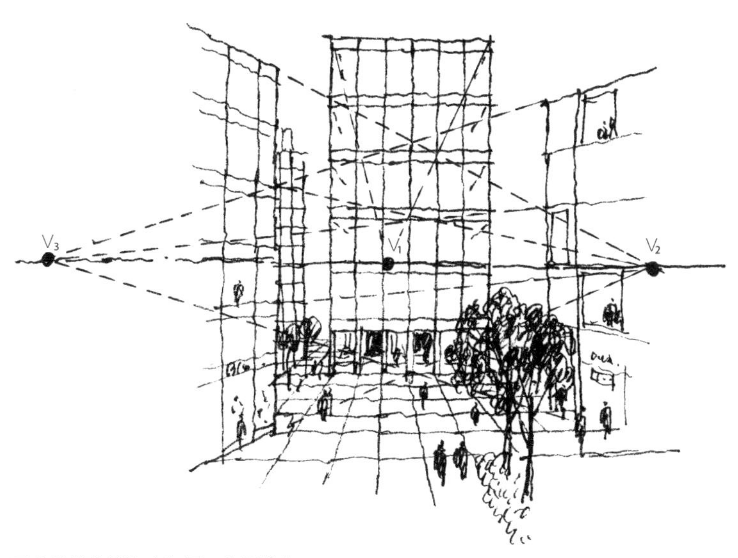

三座建筑的消失点在同一水平线上。

10. 用两点透视法画住宅的透视图

绘制两点透视图时很重要的一点，在于确定消失点的位置。考虑好视线高度与消失点高度，画出的图会更自然。

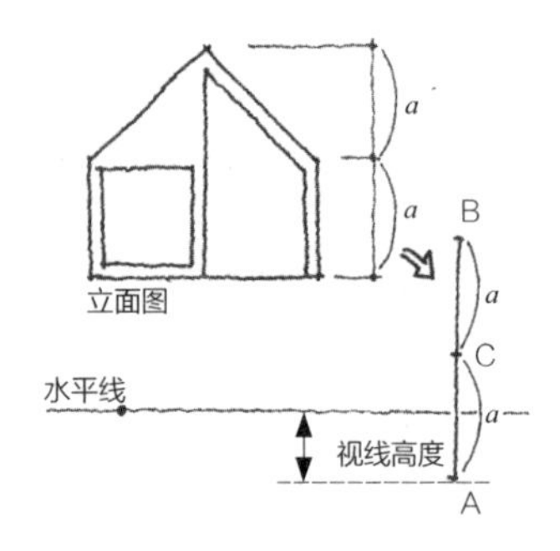

① 首先画一条平行于立面图的水平线，并确定建筑高度 AB。水平线为人的视线高度。

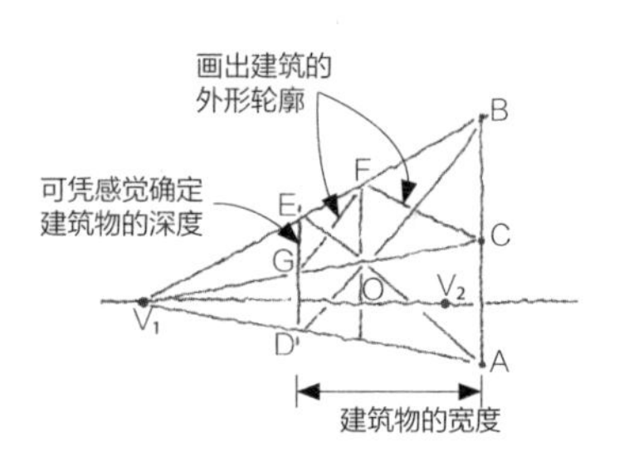

② 在水平线上确定 V_1、V_2 两个消失点，并凭感觉确定建筑物的深度线 DE。连接 AE、BD 交于 O 点，过 O 点画垂直线与 V_1B 相交得到点 F。连接 V_1O 与 DE 相交得到点 G，连接 A、D、G、E、F、C 画出建筑外形（V_1O 的延长线与 BA 的交点为 C）。

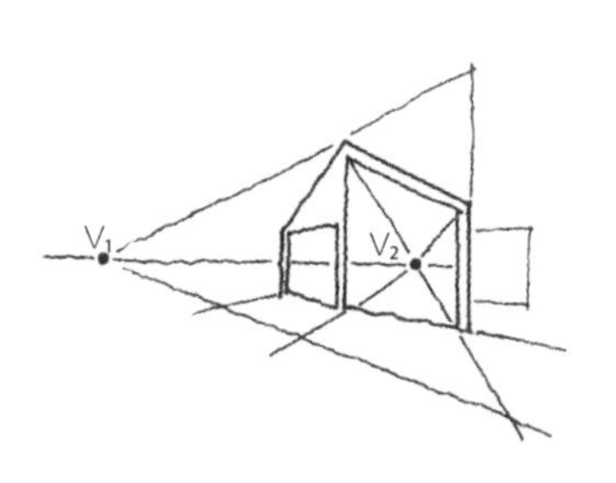

③ 将消失点 V_2 与建筑外形的各角点画线相连。

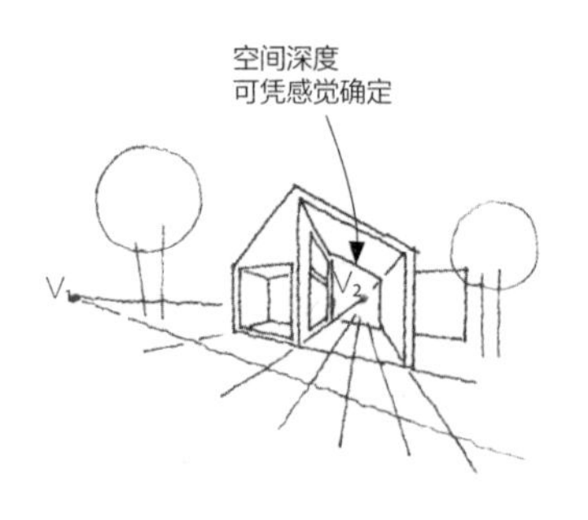

④ 凭感觉确定合适的空间深度，画出门窗等开口部位。

⑤ 最后画上周围的景物便完成了。

11. 绘制高层建筑

若想在透视图中突显高层建筑的高度，建议大家采用两点透视的画法。上方的消失点表现高度，下方的表示深度。确定合适的建筑高度后，楼层的划分可运用对角线分割法推算出二等分、四等分等。

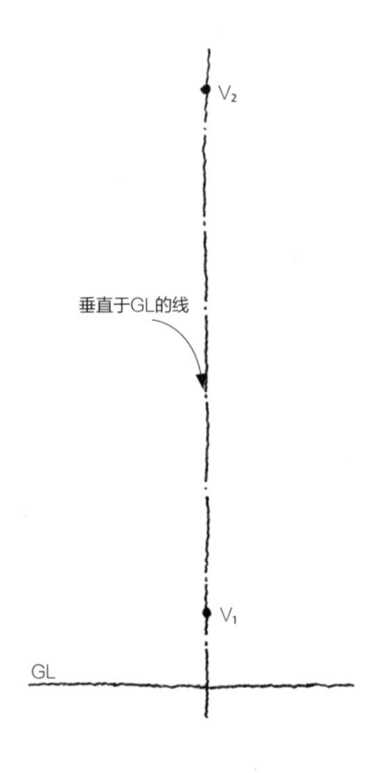

① 首先画出水平线 GL，再画出垂直于 GL 的直线，并确定上下两个消失点。

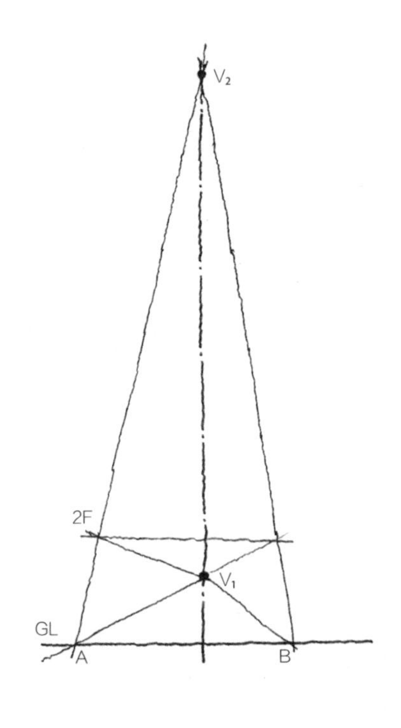

② 在 GL 上确定合适的建筑宽度 AB，并将 A、B 分别与消失点 V_1、V_2 相连。确定合适的二层楼的高度。

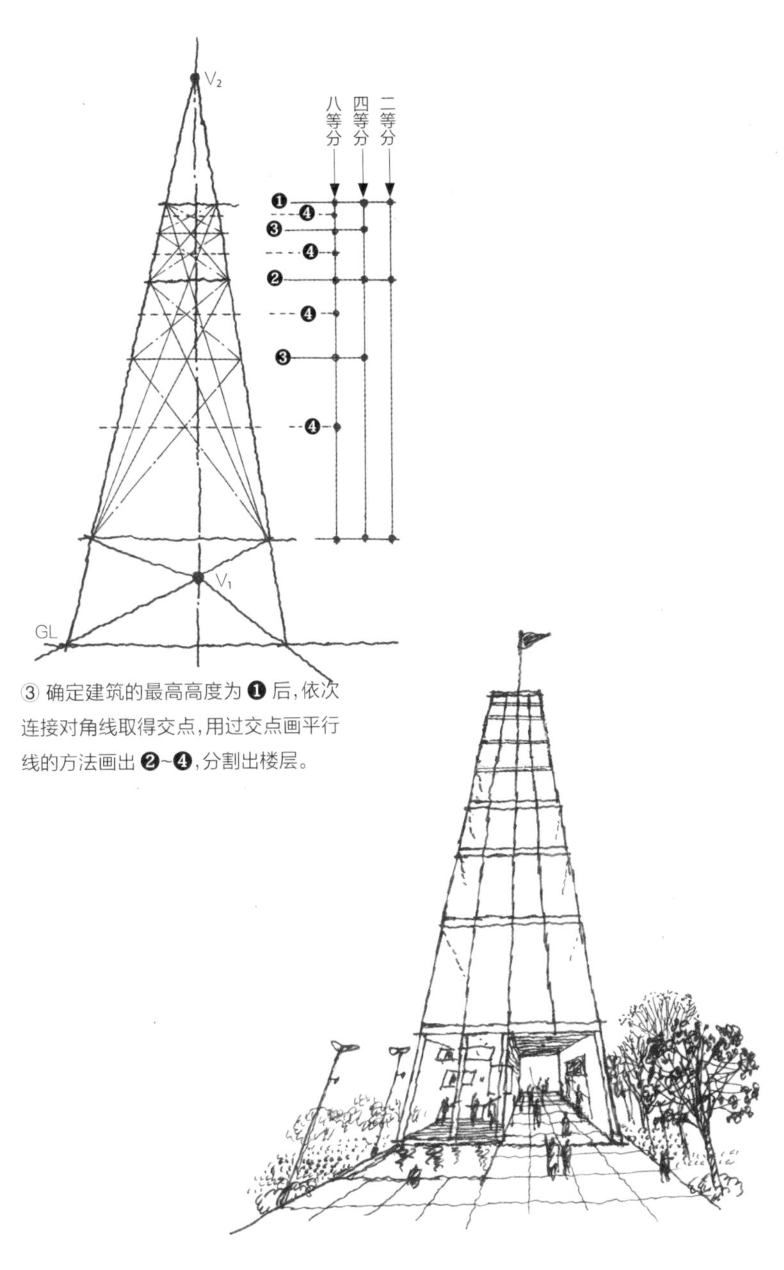

③ 确定建筑的最高高度为 ❶ 后，依次连接对角线取得交点，用过交点画平行线的方法画出 ❷~❹，分割出楼层。

④ 最后画上外部景观等细节就完成了。

12. 绘制坡道

大家在旅行的途中，一定会见到一些迷人的街巷风景，其中很多是带有楼梯或坡道的小巷。绘制这类景物的透视图时，消失点与坡道方向要保持一致。坡道向下时，消失点便在下方；向上时，消失点便在上方。

下行坡道的透视图

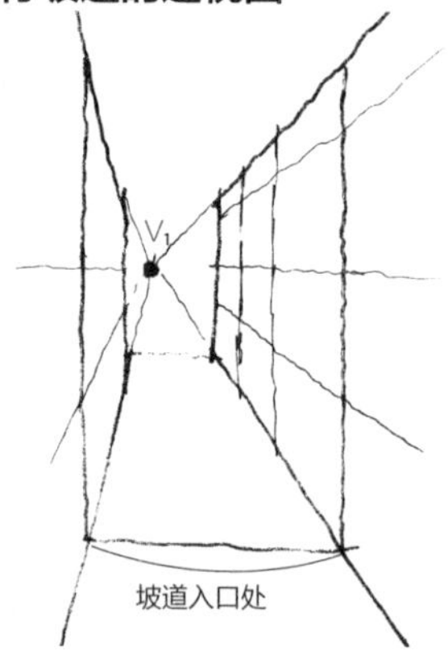

① 先用一点透视法画出平坦的路面。确定合适的坡道入口宽度。

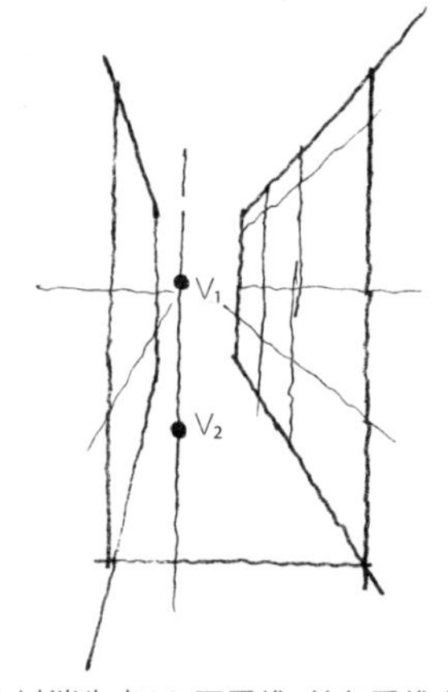

② 过消失点 V_1 画垂线，并在垂线上确定坡道的消失点 V_2（V_2 距 V_1 越近坡道越缓，越远坡道越陡）。

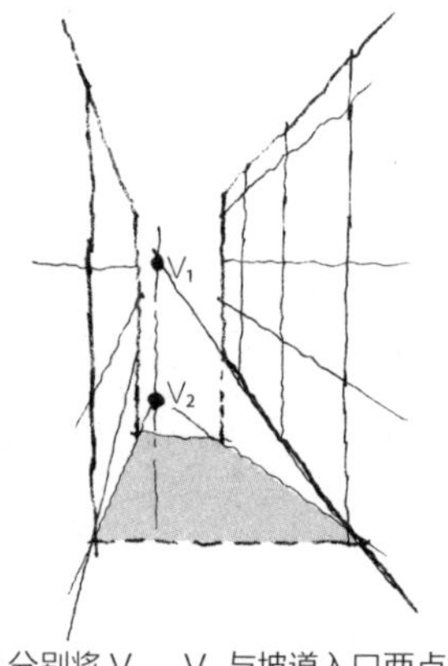

③ 分别将 V_1、V_2 与坡道入口两点相连。与 V_2 连接后形成的面为坡道面。

④ 最后画上街道两侧的建筑和城市风貌便完成了。

上行坡道的透视图

上行坡道画法的步骤①与下行坡道画法相同。

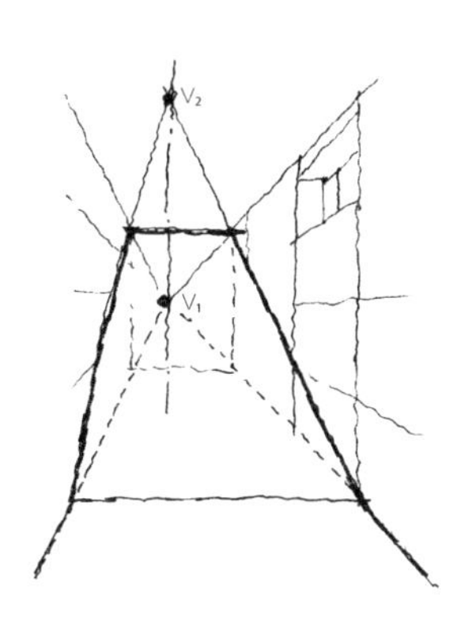

① 过消失点 V_1 画垂线，并在其上方取一点 V_2 为上坡道的消失点。将 V_2 与坡道入口处相连，坡道的坡面便画出来了。

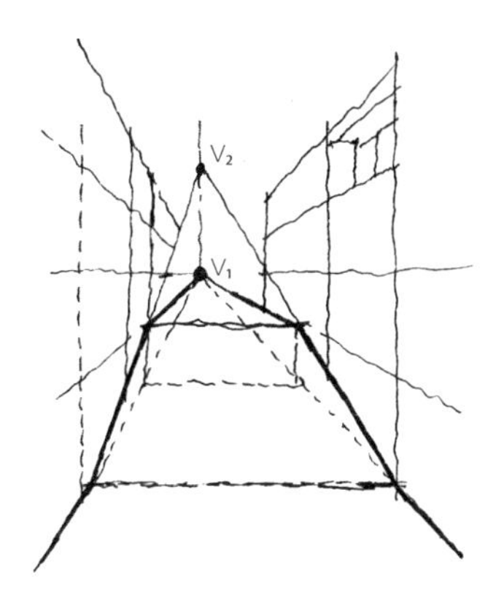

② 在坡道中段取两点并与 V_1 相连，便形成了上坡后平坦的路面。

③ 最后画上两侧建筑等城市景观便完成了。

13. 绘制弧形道路

建筑沿着弧形的道路延伸，会出现新的消失点。让我们一边想象着这样的景象，一边试着画出像右页一样建筑物沿着弧形道路布局的透视图吧。

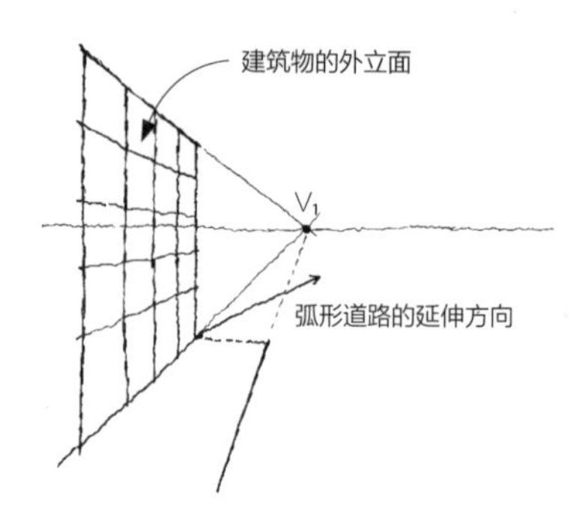

① 先在水平线上取消失点 V_1，画出最左侧建筑物的外立面，并确定道路弯曲方向。

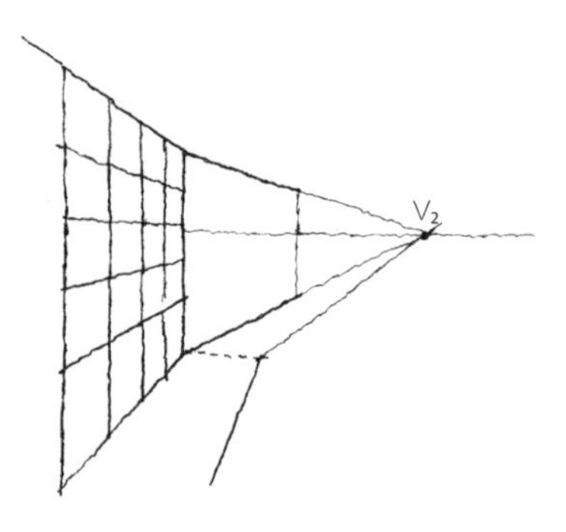

② 画出弯曲后道路的延长线，交水平线于消失点 V_2。根据消失点 V_2 画出沿街建筑的方向。

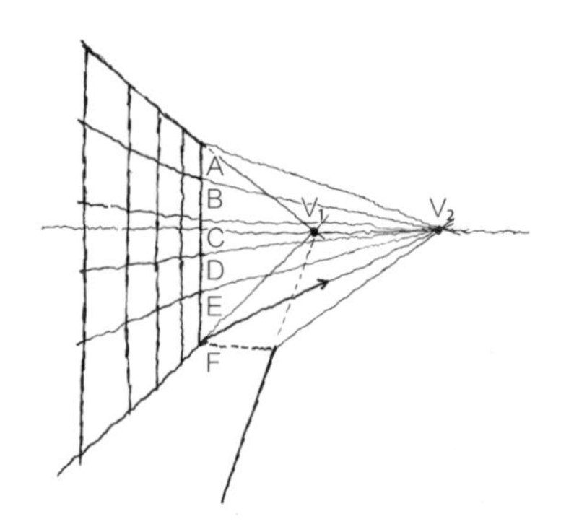

③ 将表示不同楼层的 A、B、C、D、E、F 各点与 V_2 画线连接，即弧形道路中沿街建筑的楼层透视线。

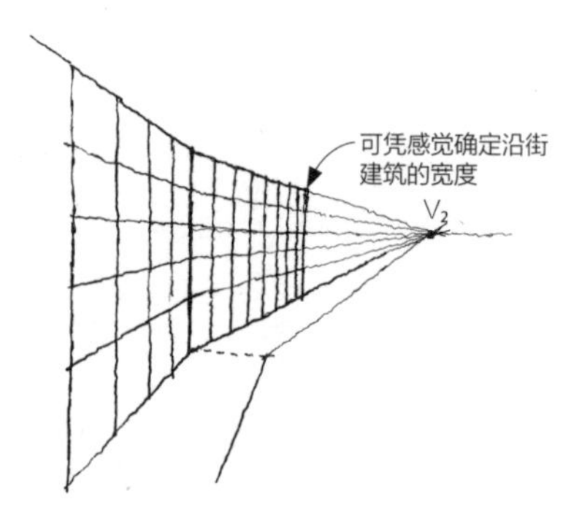

④ 确定弧形道路中建筑的宽度。

⑤ 最后画出道路两旁的细节便完成了。

14. 绘制人物(1)

在绘制人物的时候，我们需要先画出叠放的六个正方形，再逐步调整出人体形状。

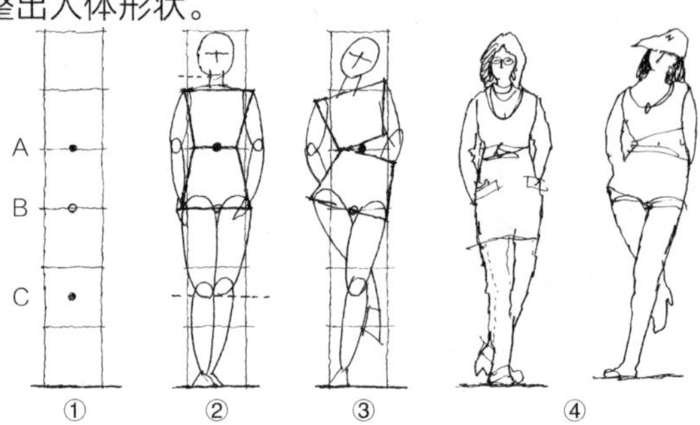

从正面看到的人物画法

①首先画出六个叠放的正方形，确定人物的高度。A 点处为肚脐，B 为胯部，C 为膝盖。假设一个正方形边长为 30 cm，人物身高则为 180 cm，当边长为 25 cm 时，人物身高则为 150 cm。以 1：10 的比例缩小后，在纸上画 30 mm 和 25 mm 的人物来练习。

②根据确定的位置，大体上画出人物的头部、胸部、腰部、胯部以及腿部的轮廓。

③若想画出不同的体态，只需将各部位稍作调整便可。

④最后画上衣物和配饰便完成了。

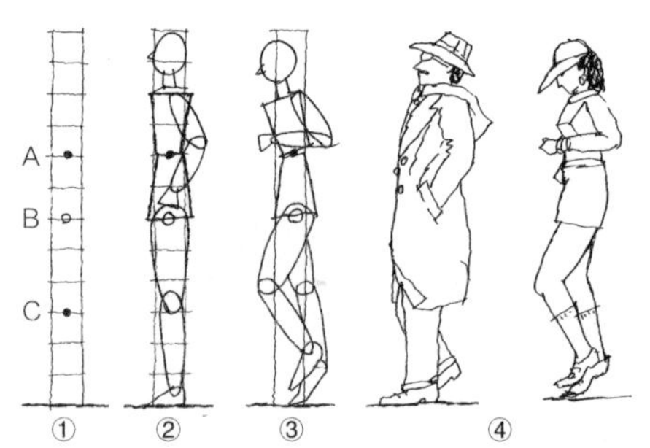

人物侧面的画法

①根据正面图画出的正方形，取其面积 1/4 的大小，将 12 个小正方形进行叠放。A、B、C 分别为肚脐、胯部、膝盖处。

②大致画出人物的头部、胸部、腰部、胯部以及腿部的轮廓。

③做一些调整，画出慢跑者的姿态。头部和胸部向前倾，一侧的膝盖向上提。

④若能画出人物的表情、帽子、眼镜等细节，看起来会更加真实。

15. 绘制人物(2)

在透视图中画人物时，若不能正确表现其位置和大小，会严重破坏画面的远近感。因此在绘制人物时，要结合画面的透视关系，这样才能将其表现得更加真实。

消失点位于视线高度

当消失点与画面中的视线高度一致时，人物的头部位置也都处于同一高度线上。过 V 点画水平线，再过 A 点引垂线，其距离为 A 点处人物的高度。

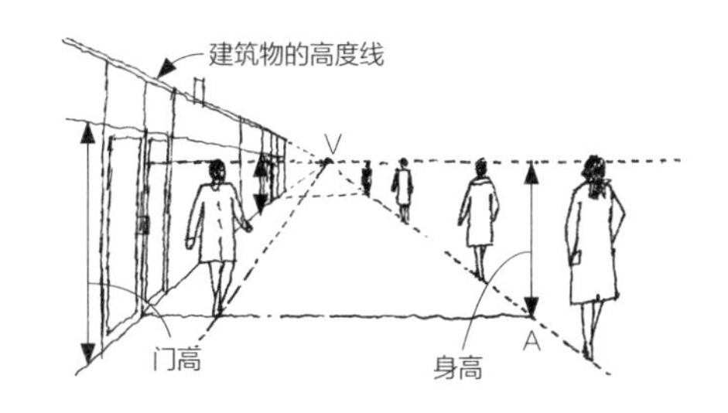

消失点高于视线高度

BV 与 B′V 间的距离是 B 点处人物的高度，即使平移到 C 点后，人物的高度也不变。

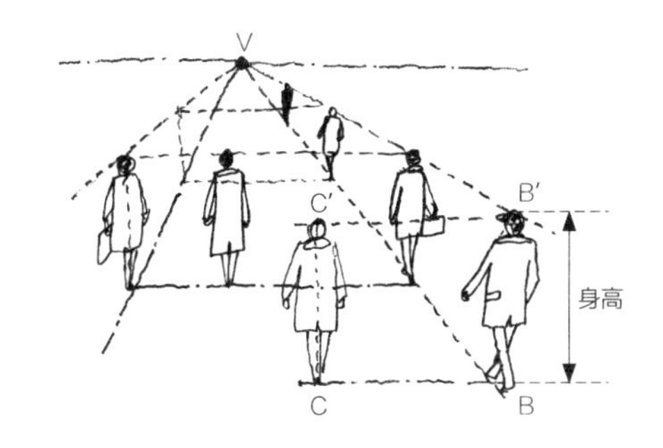

确认与建筑物间的视觉平衡感

消失点高度与左侧建筑物高度相同，建筑物的高度为一条水平线。确认人物高度与建筑物门高度间的相对关系。

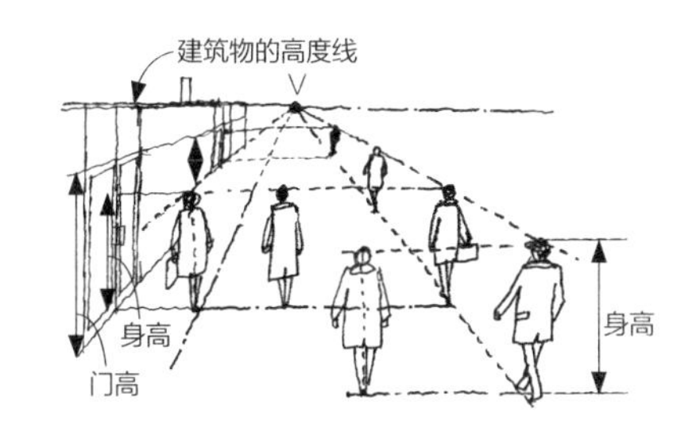

16. 绘制树木(1)

接下来让我们为透视图增加自然风景，画些树木吧。不擅长画画或不擅长画速写的人，一定也画不好树木。但与其用刻板的画法一点一点地画出树木，不如不拘泥于细节和远近感，用速写的手法画画看。要画出舒展的枝条，其技巧在于从一根主干画起，然后画出不同方向上的枝干。让我们分解树木的结构，按顺序试试吧。

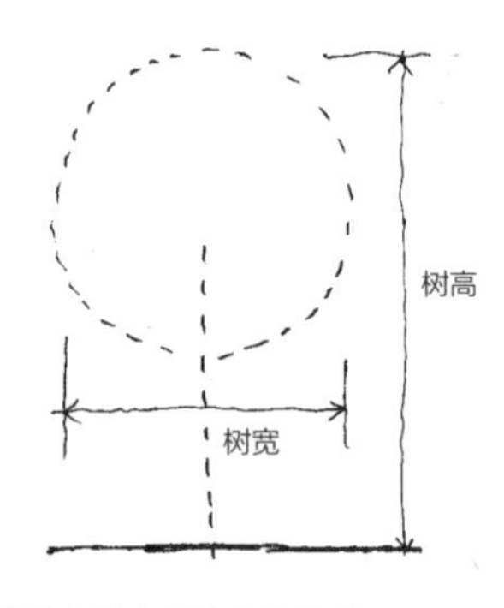

① 先勾勒出树的大致尺寸。

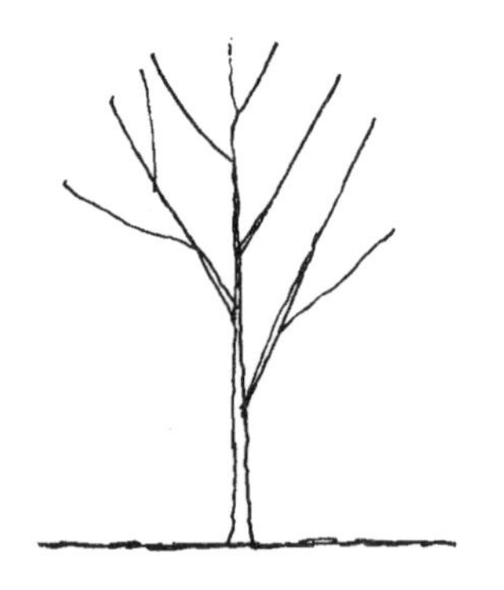

② 接着画出树干和树枝，树干修长、树枝纤细是使画面更真实的关键。

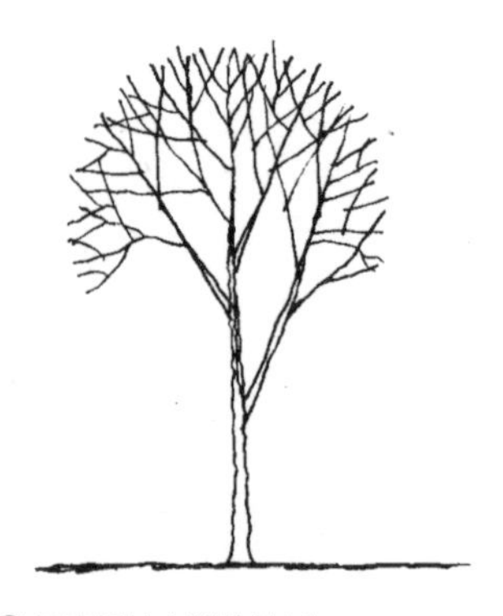

③ 画出树枝尖端的枝丫。

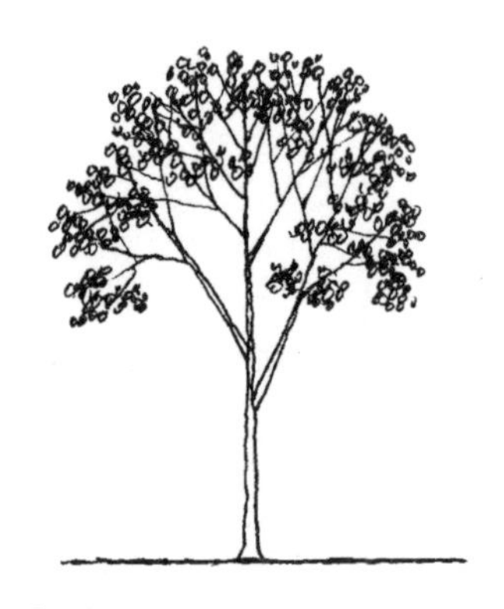

④ 最后画上树叶便完成了。

17. 绘制树木(2)

当需要表现俯视构图，或表现出用地整体的景物时，要怎样画树才好呢？从俯视的角度画出四方形的建筑物不难，但要画出枝干呈现多个角度、生机勃勃的树木就困难了，这对于不擅长画画的人来说可是件苦差事。这时让我们**试着将树木想象成一个圆柱或圆锥体，再从俯视的角度画画看吧。**

圆锥体的俯视图是圆形。(画平面图时)

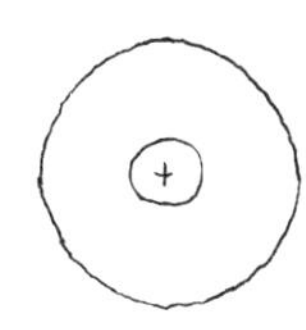

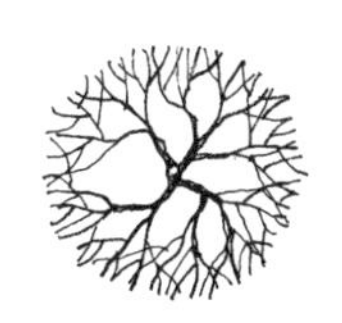

从正面看圆锥的样子。(画立面图时)

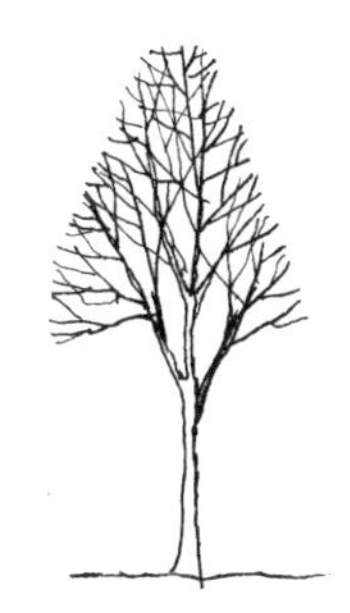

从斜上方看圆锥体的形态。(从透视角度看不应该为正圆形，但初学者可以先从正圆形画起)

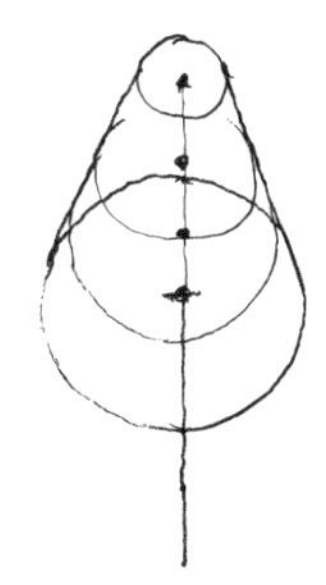

18. 绘制车辆

在一些学生的设计作业中，经常会出现让人误以为是“交通事故现场”般的惨不忍睹的车辆透视图。虽然我们每天都会看到各式车辆，但一到自己动手画时，却总掌握不好车辆的透视关系和比例。

先不要考虑自己画得好或不好，在纸上试试画车辆的速写图，去慢慢理解其结构吧。即使开始时车轮间距过大、轮胎直径过大都没关系。

虽然车型很多，但作为初学者，先从最普通的轿车车型开始画起吧。

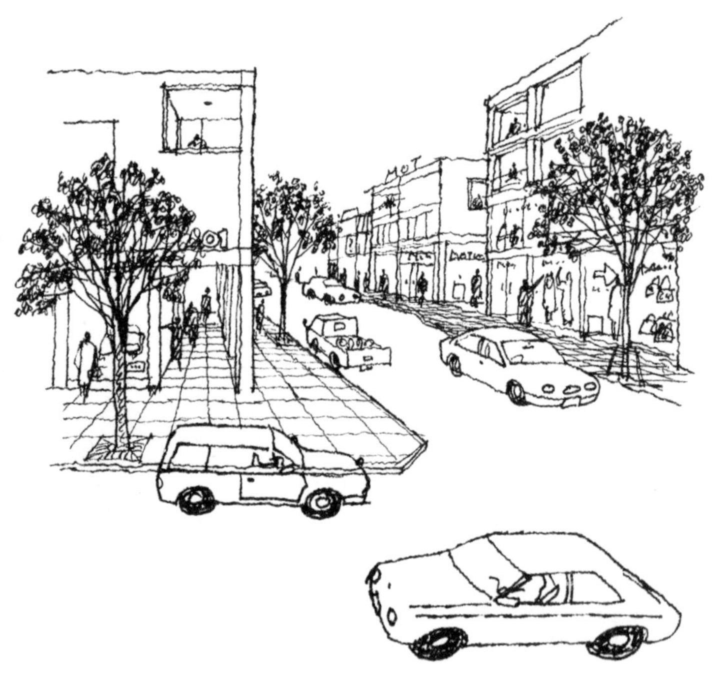

有车辆的透视图

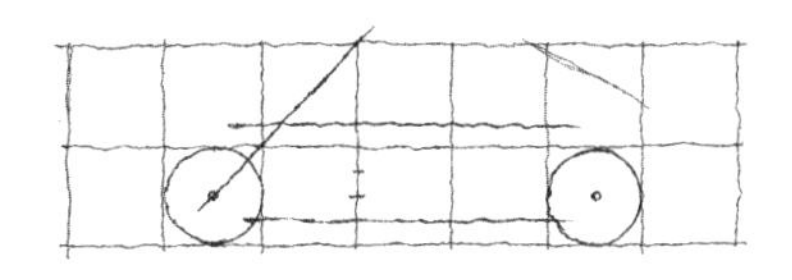

车辆立面图的画法

如图所示，先画出横向七格、纵向两格的方格图（换算成实际尺寸时，一格为 70 cm）。

在横向第二格和第六格处画上两个圆，代表轮胎。按照图中的步骤，画出车辆的轮廓。

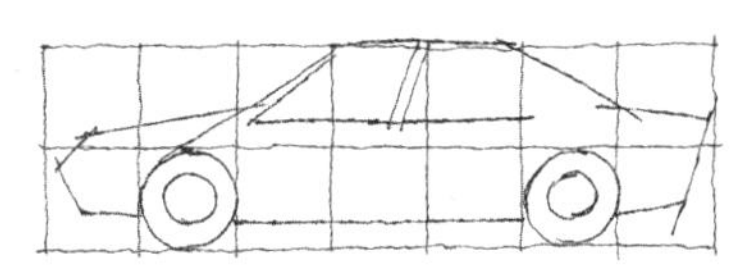

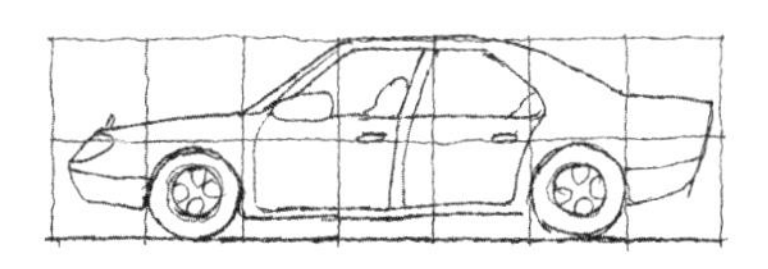

车辆透视图的画法

先将车辆想象成立方体块，再通过消失点画出透视关系。熟练了以后，再尝试通过立面图画出透视的车辆。

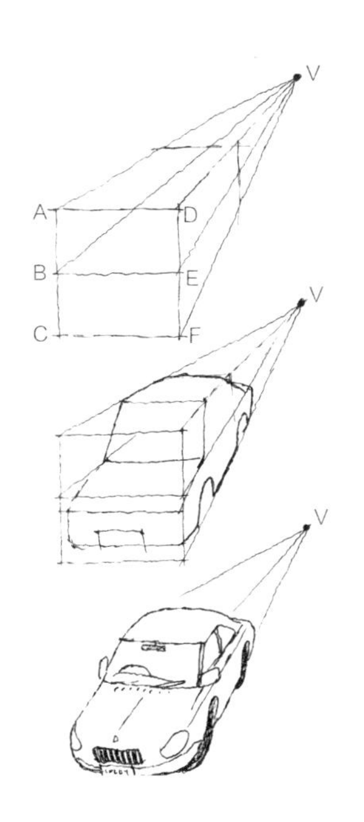

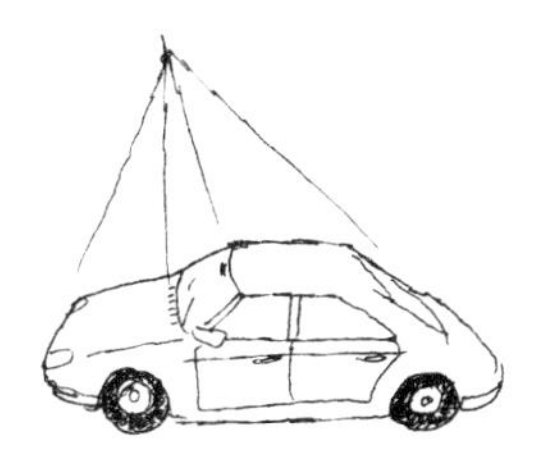

19. 在透视图中增加阴影

“阴影”是物体受到直射光照射后，在地面或地板上呈现出的物体轮廓。在绘制透视图时，阴影是增强立体感不可缺少的成分，请大家务必掌握阴影的画法。

在一点透视图中，阴影有单独的消失点，且阴影向这一消失点的方向延伸。

绘制立柱的阴影

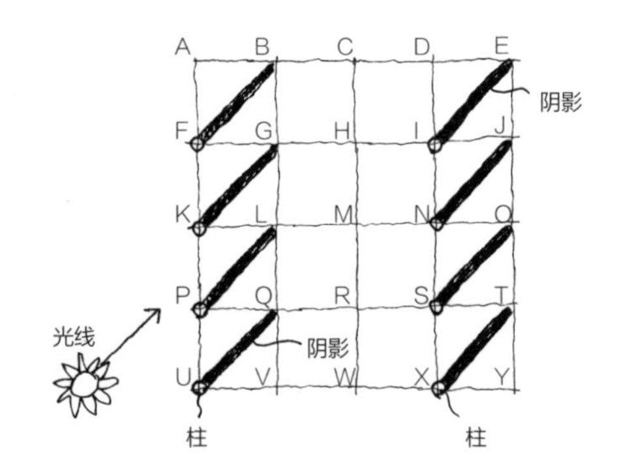

若从正上方俯瞰，光线方向与阴影方向平行。

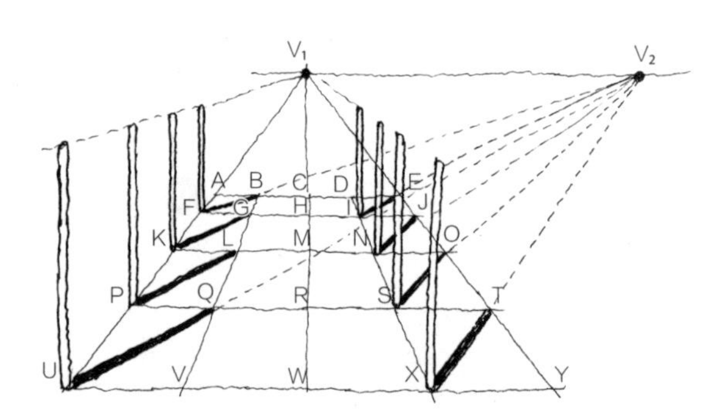

在透视图中，阴影朝消失点 V_2 的方向延伸，但消失点 V_1 与 V_2 在同一水平线上。如平面图中所示，若阴影与方格对角线方向一致，在透视图中两者方向也是一致的。

绘制多面体的阴影

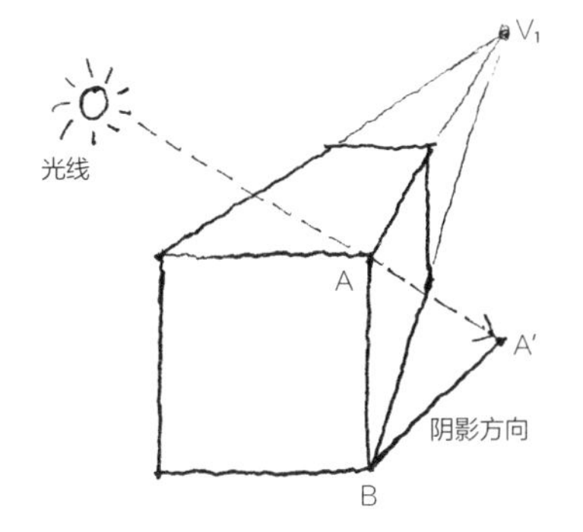

试着画出左图中多面体的阴影。光线的照射方向与阴影的延长线交于点 A′，A′ 就是点 A 的阴影位置。

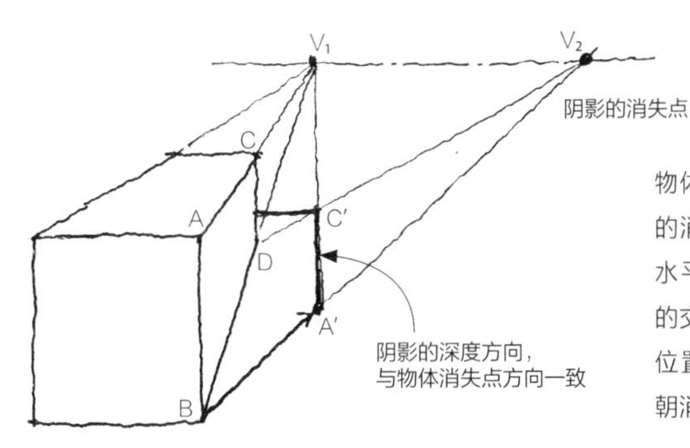

物体的消失点 V_1 与阴影的消失点 V_2 处于同一条水平线上，$A'V_1$ 与 DV_2 的交点 C′ 为 C 点的阴影位置。A′C′ 的深度方向朝消失点 V_1 方向延伸。

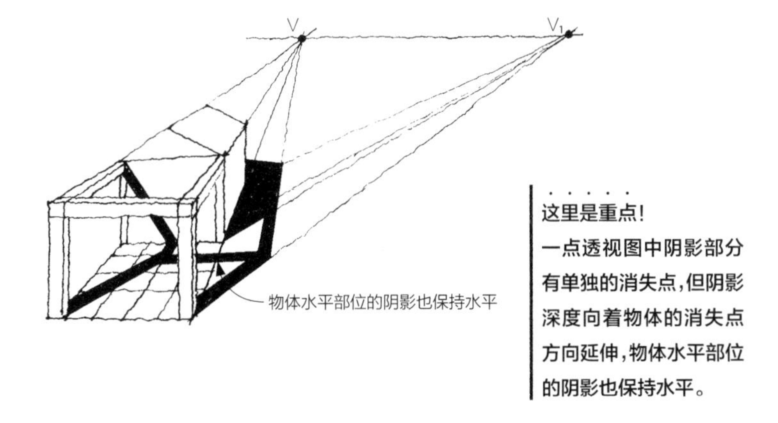

这里是重点！
一点透视图中阴影部分有单独的消失点，但阴影深度向着物体的消失点方向延伸，物体水平部位的阴影也保持水平。

第五章

透视图修改案例

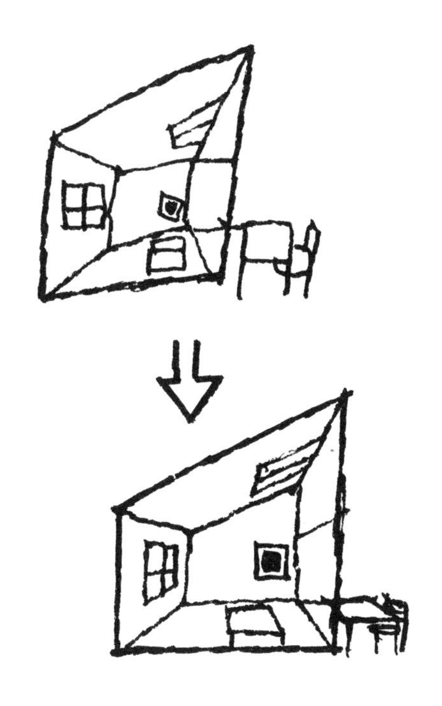

1. 街巷的透视图(1)

下面是一幅建筑系大四学生的作品。这位同学想要表现出街巷里浓厚的市井气息，于是画了这幅作品，但他本人并不满意。让我们一起来看看，到底是哪里没画好。

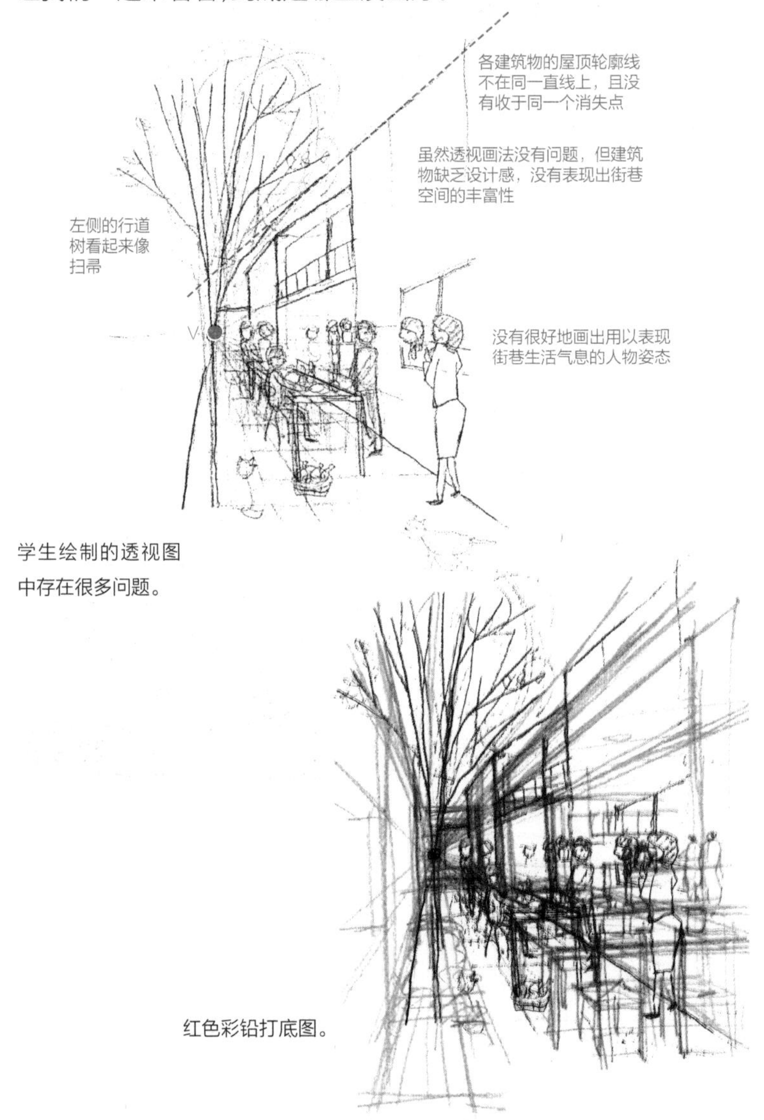

学生绘制的透视图中存在很多问题。

红色彩铅打底图。

修改案例

首先，为了营造街巷的生活气息，可以通过绘制露天的咖啡馆来改善空间设计。将各建筑的高度线、窗户的轮廓线都统一于一个消失点上。画出咖啡店等建筑物玻璃的透明感。画出树木和盆栽，营造出能在绿荫下怡然自得的氛围。

在原图上用红色彩铅画出草图，覆盖上描图纸后再慢慢绘制，最后得出完成稿。

2. 街巷的透视图(2)

和前一节的案例相同，这也是一位同学绘制的街巷空间的透视图。在街巷的一角，有一家开放式的钢琴教室。右侧的空地上是一个小公园内的咖啡店。接下来让我们一起看看有什么问题。

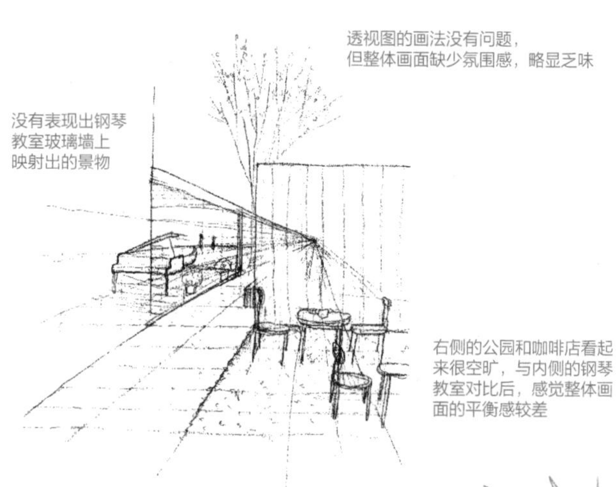

学生绘制的透视图，没有丰富的景物，画面略显乏味。

调整为竖构图，可用尺规辅助画出草图。

修改案例

首先，在左侧建筑物的墙壁上画出门，营造出使人想要进去一看的氛围。紧接着用木板铺设出公园的地面，并将内侧的树移到画面前端，打造出一个树荫下的“咖啡空间”。这样一来，既降低了原画中的凌乱程度，又改善了画面的平衡感。最后认真画出钢琴教室后方的景物，使整个透视图的画面更有深度。

在原画上覆盖上描图纸后，重新绘制出清晰的完成稿。

3. 住宅外观

这幅学生作品，是通过住宅的立面图，用一点透视法画出的住宅和外部环境的透视图。消失点位于住宅上方，是俯视的构图。这种构图本身没有什么问题，但在用地边界线上只绘制了单调的木制围栏，画面的整体氛围感较差。

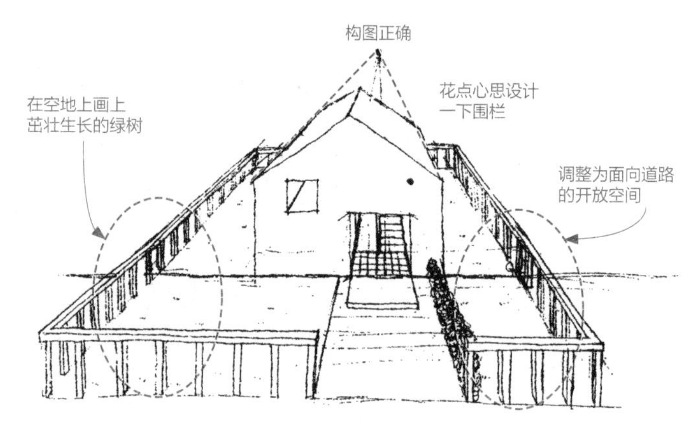

学生用一点透视法绘制的住宅透视图，虽然构图正确，但缺乏美感和生活气息。

修改案例

连接住宅与道路的区域，是打造住宅美感的重要空间。首先，将一部分单调的木制围栏换成富有生机的绿植围栏，将门口的停车空间改为开放式设计，再在庭院中画一棵茁壮生长的绿树，最后画上草坪和铺设有地板的凉亭。

拟定车辆和树木的位置。

最终方案。增加了绿植、车辆、停车空间等。

4. 挑空空间的透视图

这幅图是采用一点透视法绘制的室内空间透视图，但图中的人物、书籍、扶手等元素的尺寸比例错误，画面缺乏真实感。

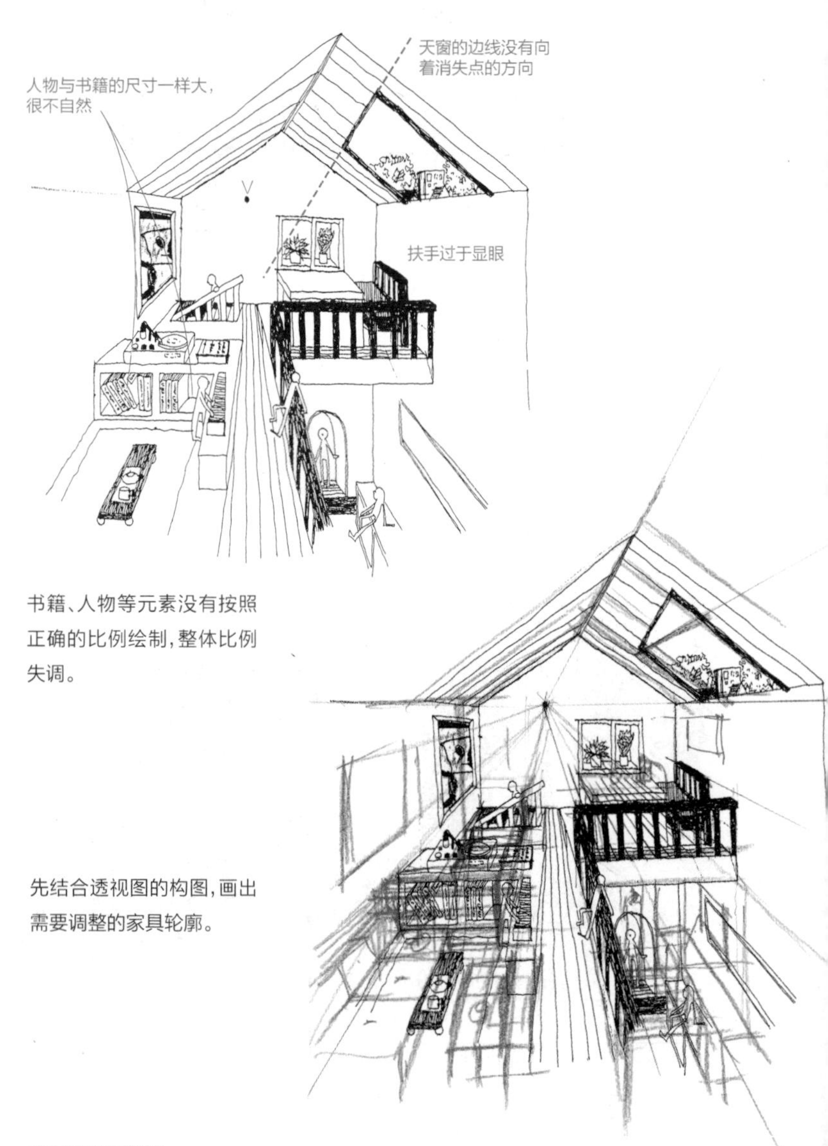

书籍、人物等元素没有按照正确的比例绘制，整体比例失调。

先结合透视图的构图，画出需要调整的家具轮廓。

修改案例

绘制人物并不简单，为了保险起见，只将远处的人物用侧身来表现。重新绘制左侧部分，增加一个沙发，并将书籍、书架、茶几等物品调整为正确的比例。将原本涂黑的笨重扶手修改成清爽的设计。

在原画上覆盖上描图纸，再画出清晰的完成稿。

5. 树木、人物、车辆

虽然树木、人物、车辆在透视图中充当配角，但若不能熟练掌握其绘制方法，则无法很好地将建筑物的特点衬托出来。下面是对新手所画案例的修改。

树木平面图的修改

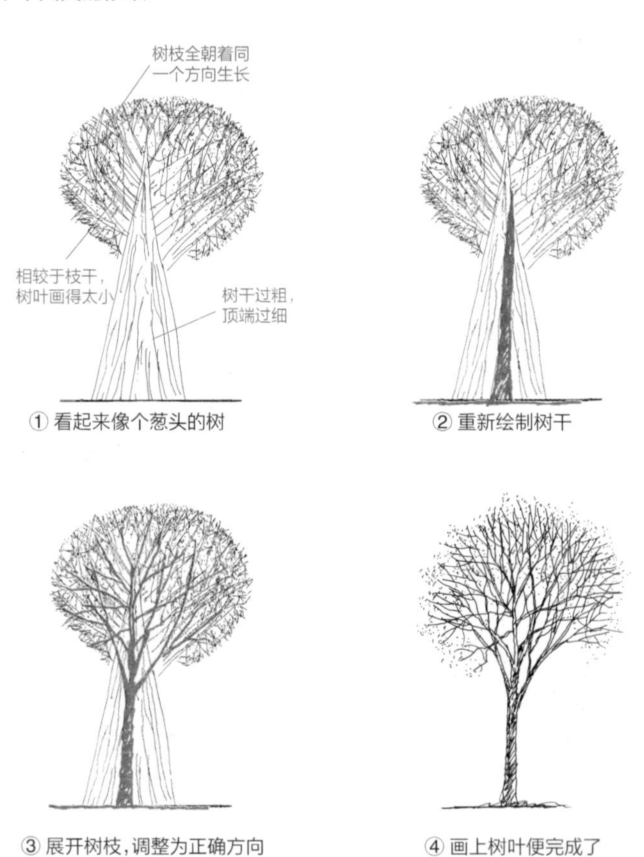

① 看起来像个葱头的树

② 重新绘制树干

③ 展开树枝，调整为正确方向

④ 画上树叶便完成了

人物平面图的修改

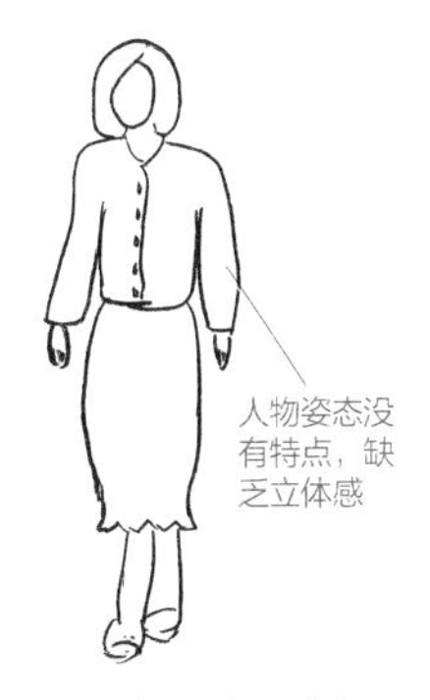

① 缺少表情，无法吸引人

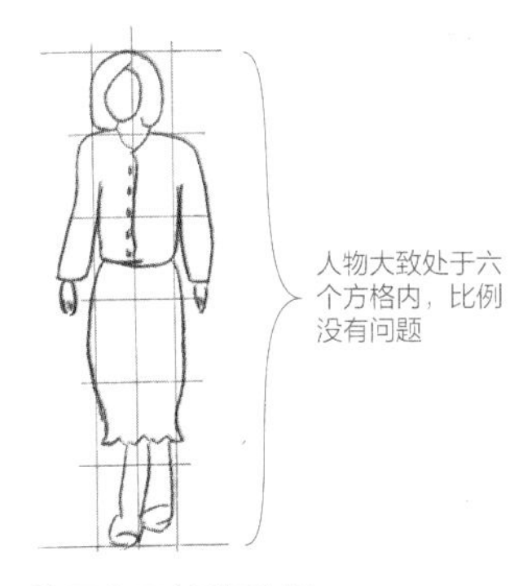

② 画出正方形网格图

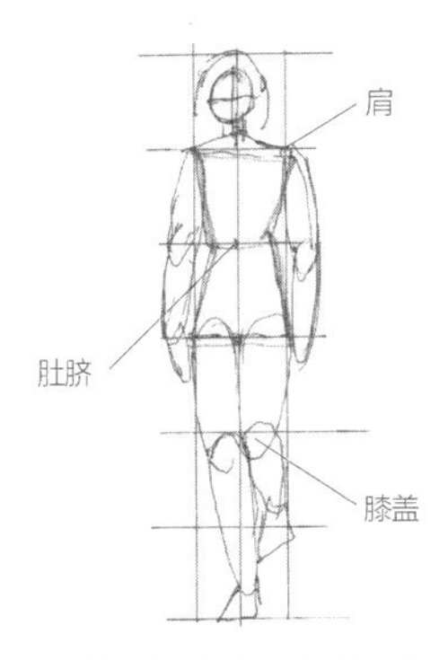

③ 在关节处画出立体感

④ 画上衣服和配饰

⑤ 画完啦

车辆平面图的修改

① 相较于车身，车轮过小

② 画出正方形网格图

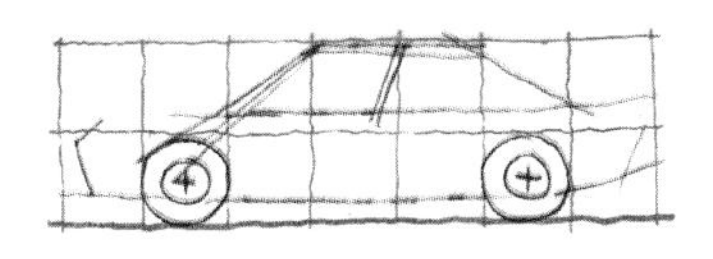

③ 调整车轮大小和位置

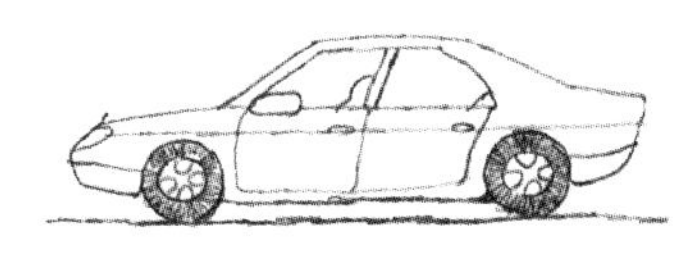

④ 画完啦

练习模板

练习用透视网格线图

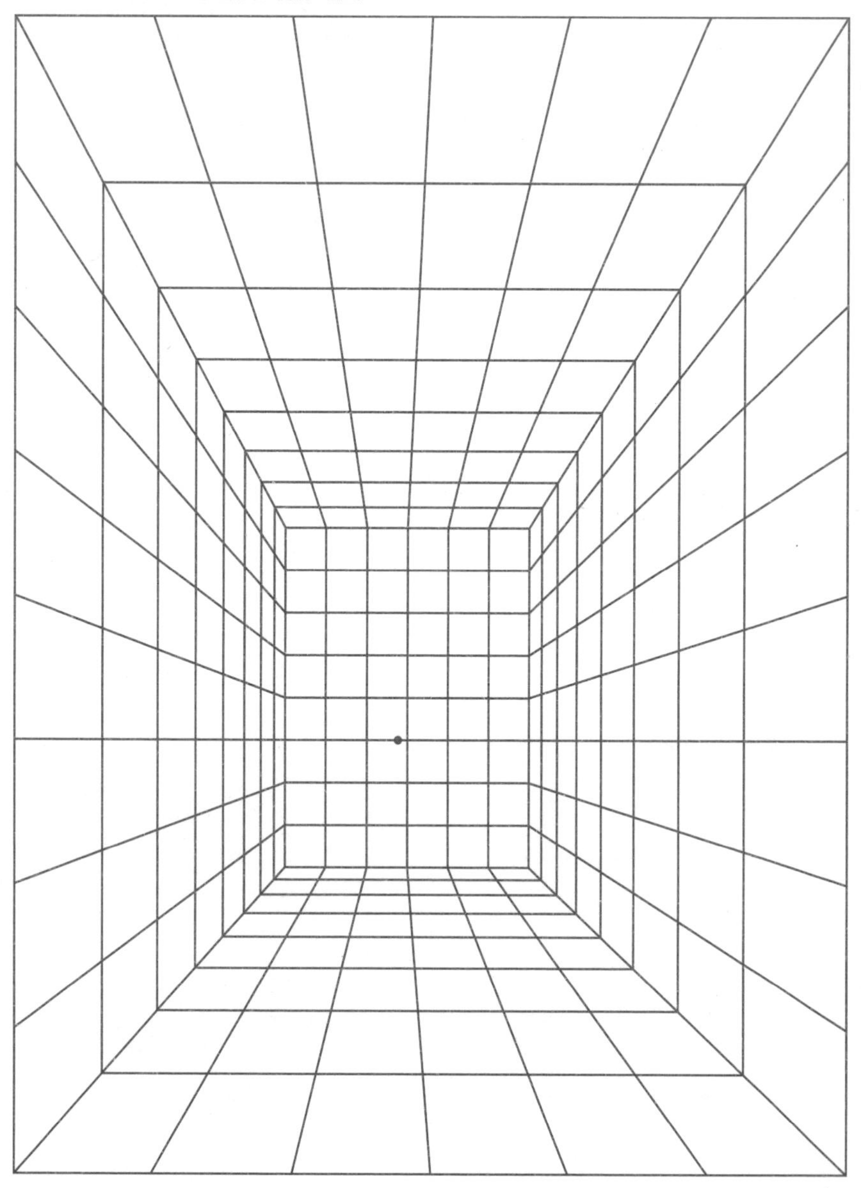

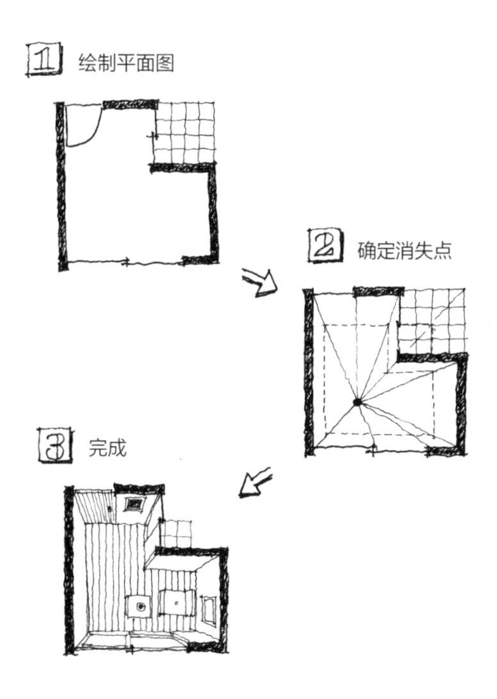
1 绘制平面图
2 确定消失点
3 完成

后记

行笔至此，我深切地感受到，想要将透视图的画法通俗易懂地讲授出来，是件非常困难的事。

总而言之，我认为想要画好透视图，就要多加练习，不怕画错，总有一天会熟练到能“凭感觉”绘制的程度。

虽然有很多关于透视图的书籍，但大多仅仅是教授如何制图。我认为画透视图的目的是将脑海中的想法表达出来，或是亲手画出眼前转瞬即逝的风景。因此，在本书中我重复多次想要传达给大家的两点是：有时可以“凭感觉”以及“掌握绘制的技巧”去试着画透视图。

担任本书编辑的尾关惠女士，虽然是建筑系毕业，但仍然不擅长画透视图。因此本书也得益于她的建议，让图示与说明部分看起来更加通俗易懂。可以说，她不擅长画透视图一事，恰恰对本书的编写起到了莫大的帮助，在这里向她表示由衷的感谢。此外，对于向本书提供透视图作品的工学院大学和日本大学的同学们，也要表示感谢。

中山繁信